中等职业学校以工作过程为导向课程改革实验项目
楼宇智能化设备安装与运行专业核心课程系列教材

楼宇电子技术应用

权福苗　叶宏伟　主　编

机　械　工　业　出　版　社

本书是北京市教育委员会实施“北京市中等职业学校以工作过程为导向课程改革实验项目”楼宇智能化设备安装与运行专业核心课程系列教材之一，依据北京市教育委员会与北京教育科学研究院组织编写的“北京市中等职业学校以工作过程为导向课程改革实验项目”楼宇智能化设备安装与运行专业教学指导方案、“楼宇电子技术应用”课程标准，并参照相关国家职业标准和行业职业技能鉴定规范编写而成。

本书以项目为载体，教材内容涵盖模拟电路、数字电路、电子工艺、单片机、传感器等课程中必备的知识和技能。项目编排采取循序渐进、由浅入深的原则，符合中职学生的认知规律，具有很强的趣味性、科学性和实用性。

本书可作为中等职业学校、技工学校楼宇智能化设备安装与运行专业、电子与信息技术专业的教材。

为方便教学，本书配有教学课件等，凡选用本书作为教材的学校，可登录 www. cmpedu. com，注册下载，也可来电索取，联系电话：010-88379195。

图书在版编目（CIP）数据

楼宇电子技术应用/权福苗，叶宏伟主编.—北京：机械工业出版社，2014.10

中等职业学校以工作过程为导向课程改革实验项目　楼宇智能化设备安装与运行专业核心课程系列教材

ISBN 978-7-111-48360-1

Ⅰ.①楼…　Ⅱ.①权…②叶…　Ⅲ.①电子技术－应用－智能化建筑－中等专业学校－教材　Ⅳ.①TU855

中国版本图书馆 CIP 数据核字（2014）第 246673 号

机械工业出版社（北京市百万庄大街 22 号　邮政编码 100037）
策划编辑：张晓缓　责任编辑：张晓媛　版式设计：霍永明
责任校对：丁丽丽　封面设计：路恩中　责任印制：乔　宇
北京机工印刷厂印刷（三河市南杨庄国丰装订厂装订）
2015 年 1 月第 1 版第 1 次印刷
184mm×260mm · 8.25 印张 · 197 千字
0 001—1 500 册
标准书号：ISBN 978-7-111-48360-1
定价：22.00 元

凡购本书，如有缺页、倒页、脱页，由本社发行部调换

电话服务	网络服务
社服务中心：（010）88361066	教 材 网：http：//www. cmpedu. com
销售一部：（010）68326294	机工官网：http：//www. cmpbook. com
销售二部：（010）88379649	机工官博：http：//weibo. com/cmp1952
读者购书热线：（010）88379203	**封面无防伪标均为盗版**

北京市中等职业学校工作过程导向课程教材编写委员会

楼宇智能化设备安装与运行专业教材编写委员会

编写说明

为更好地满足首都经济社会发展对中等职业人才的需求，增强职业教育对经济和社会发展的服务能力，北京市教育委员会在广泛调研的基础上，深入贯彻落实《国务院关于大力发展职业教育的决定》及《北京市人民政府关于大力发展职业教育的决定》文件精神，于2008年启动了“北京市中等职业学校以‘工作过程为导向’课程改革实验项目”，旨在探索以工作过程为导向的课程开发模式，构建理论实践一体化、与职业资格标准相融合，具有首都特色、职教特点的中等职业教育课程体系和课程实施、评价及管理的有效途径和方法，不断提高技能型人才培养质量，为北京率先基本实现教育现代化提供优质服务。

历时五年，在北京市教育委员会的领导下，各专业课程改革团队学习、借鉴先进课程理念，校、企合作共同建构了对接岗位需求和职业标准，以学生为主体、以综合职业能力培养为核心、理论实践一体化的课程体系，开发了汽车运用与维修等17个专业教学指导方案及其232门专业核心课程标准，并在32所中职学校、41个试点专业进行了改革实践，在课程设计、资源建设、课程实施、学业评价、教学管理等多方面取得了丰富成果。

为了进一步深化和推动课程改革，推广改革成果，北京市教育委员会委托北京教育科学研究院全面负责17个专业核心课程教材的编写及出版工作。北京教育科学研究院组建了教材编写委员会和专家指导组，在专家和出版社编辑的指导下有计划、按步骤、保质量完成教材编写工作。

本套教材在编写过程中，得到了北京市教育委员会领导的大力支持、得到了所有参与课程改革实验项目学校领导和教师的积极参与、得到了企业专家和课程专家的全力帮助、得到了出版社领导和编辑的大力配合，在此一并表示感谢。

希望本套教材能为各中等职业学校推进课程改革提供有益的服务与支撑，也恳请广大教师、专家批评指正，以利进一步完善。

北京教育科学研究院

2013年7月

前言

本书是根据北京市中等职业学校以工作过程为导向课程改革实验项目楼宇智能化设备安装与运行专业核心课程“楼宇电子技术应用”课程标准为依据编写的。

本课程是楼宇智能化设备安装与运行专业完成中职学生就业岗位典型职业活动中所需的知识、能力整合的综合基础性课程，注重理论与实践并重。课程的任务是使学生具备楼宇智能化设备安装与运行专业典型职业活动所需的电子技术方面的基础知识，具有查阅参数手册、元器件选择、电路分析、组装检测能力，能正确地使用工具及仪表，培养学生安全、规范的操作意识。

书中内容完全按照项目式教学法编排，以够用、实用为原则，将课程知识点融合到五个项目中，每个项目又分为三个任务，突破传统的学科体系框架。根据职业岗位需求，将传统模拟电路、数字电路、电子工艺、单片机、传感器等课程中必备的知识和技能进行有机整合。项目编排采取循序渐进、由浅入深的原则，符合中职学生的认知规律。在项目学习过程中让学生充分体验“学中做、做中学、学有所用”的职业教育特色，将枯燥的理论与有趣的实践紧密结合起来，并适当降低理论知识的难度，语言通俗易懂，图文并茂，可操作性强，具有很强的趣味性、科学性和实用性。

本书的特点是学生易学、教师易教，充分体现了技能培养与生产实际相结合、技能培养与理论学习相结合的新理念，展现了在实践过程中学知识、用技能，创设出促进心智技能成长的教学情境。

本书由权福苗和鲁能物业服务有限责任公司工程总监叶宏伟担任主编，权福苗对全书进行了统稿。其中项目一由权福苗负责编写，项目二由权福苗、柳云梅、石红梅、袁林桦负责编写，项目三由权福苗、王林、刘莉、王鹏负责编写，项目四由权福苗、叶宏伟、赵维、张巍负责编写，项目五由冯佳负责编写。此外王艳花、高铮、董锦菊、陈亚芝、张晶、赵继洪、宋友山、刘品生等老师也为本书的编写提供了帮助。

本书在编写过程中得到了北京市电气工程学校校长刘淑珍的大力支持，此外北京市电气工程学校教学校长吕彦辉和北京市民族学校书记郎月田审阅了全书，并提出了很多宝贵的意见，在此表示感谢。

在本书编写过程中，参考和借鉴了许多公开出版和发表的文献，还参考了电子制作套材产品企业的技术资料和网络文章，在此一并表示感谢。由于编者水平有限，书中错误与不足在所难免，恳请读者批评指正，可通过 E-mail 联系我们：QFM321@126.com。

编　者

目录 CONTENTS

项目一 简易报警灯的制作

※项目描述※

简易报警灯是智能大厦火灾报警系统中的重要组成部分，报警灯控制器随时对周围环境发出巡检信号，当遇到突发火灾事故时，马上发出报警提示，使工作人员快速做出应对措施，以确保人员、设备、财产的损失降到最低。本项目主要是利用发光二极管、晶体管、电阻器、电容器等元器件，制作一款简易的报警灯。

简易报警灯实物图如图 1-1 所示。

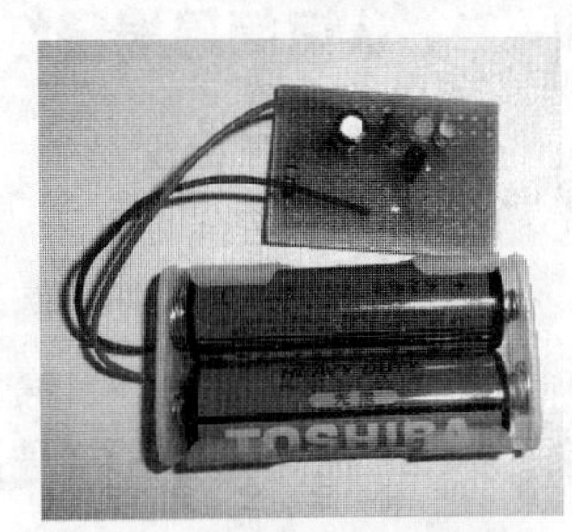

图 1-1　简易报警灯实物图

※项目目标※

知识目标：

1. 认识二极管、晶体管、电阻器、电容器等电子设备中常用元器件。
2. 了解各元器件的性能参数。
3. 了解放大电路、振荡电路工作原理。
4. 了解电路制作工艺规范。

能力目标：

1. 能正确使用万用表对二极管、晶体管进行检测。
2. 能应用焊接技术，制作简易报警灯。

素养目标：

在简易报警灯的制作过程中强化操作规范和安全生产意识。

※项目分析※

本项目通过电路图识读、元器件检测和简易报警灯电路组装与调试三个任务，使学生能识读电路图中元器件符号，掌握测量和焊接方法，了解放大电路、振荡电路的工作原理。简易报警灯的制作流程如图 1-2 所示。

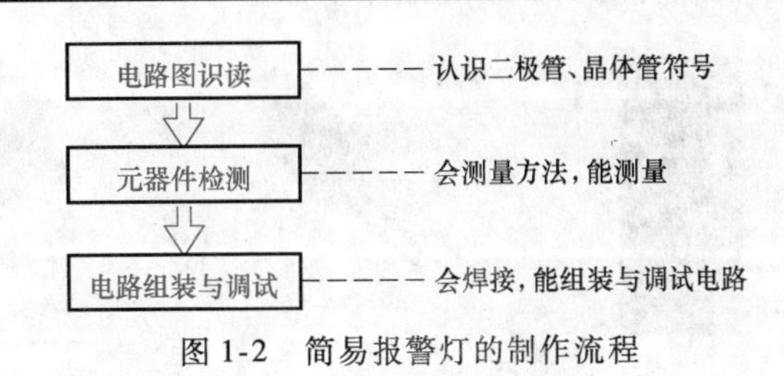

图 1-2　简易报警灯的制作流程

项目一

任务一　简易报警灯电路图的识读

一、识读简易报警灯电路

简易报警灯电路图如图 1-3 所示。

简易报警灯电路接通电源后，可以看到两只发光二极管同时发出闪烁报警信号。

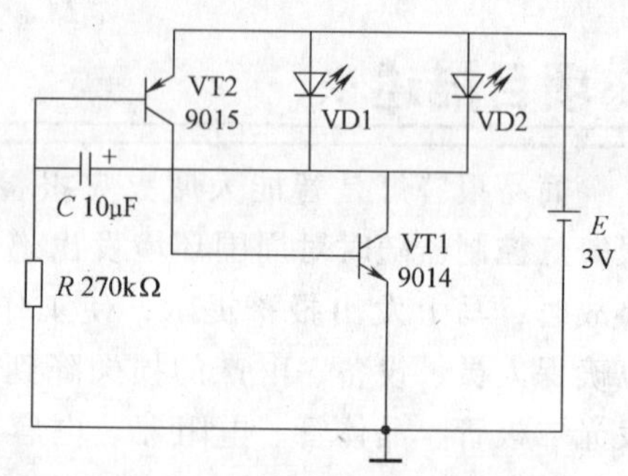

图 1-3　简易报警灯电路图

二、认识简易报警灯电路中的元器件

（一）认识二极管

1. 普通二极管

普通的二极管一般为圆柱形，有两个电极，外壳封装形式一般有三种，玻璃封装、塑料封装和金属封装。常见二极管实物和符号如图 1-4 所示。

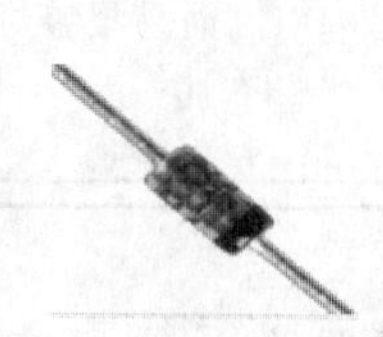
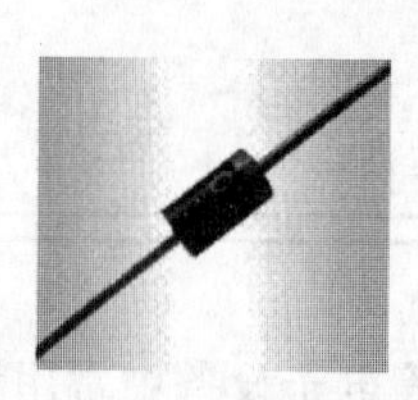

a) 实物图

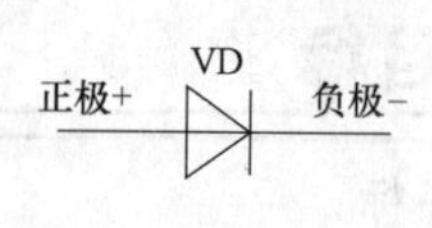

b) 符号

图 1-4　常见二极管实物和符号

2. 发光二极管

发光二极管（LED）采用砷化镓、镓铝砷和磷化镓等材料制成，常见发光二极管实物和符号如图 1-5所示。

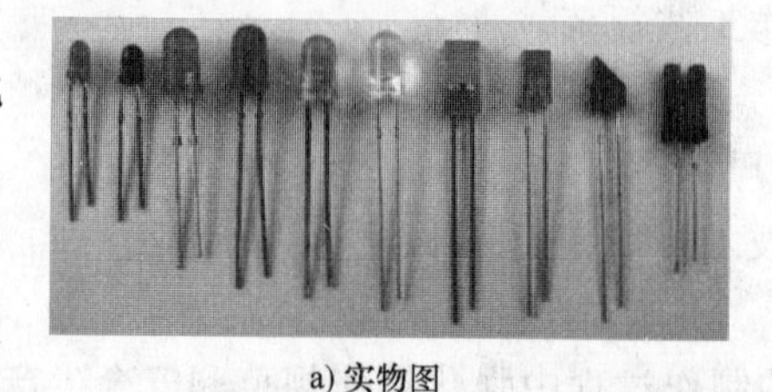

a) 实物图

VD

b) 符号

图 1-5　发光二极管实物和符号

（二）认识晶体管

晶体三极管可简称为晶体管。它的应用十分广泛，在电子电路中是主要的器件之一，常见晶体管如图 1-6 所示。

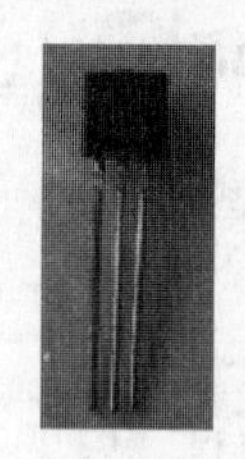

图 1-6　常见晶体管

晶体管有 NPN 型和 PNP 型两种，符号如图 1-7 所示。

（三）认识电阻

电阻在电子产品中是一种必不可少的元件。它的种类繁多，形状各异，分类方法各有不同，常见电阻实物和符号如图 1-8 所示。

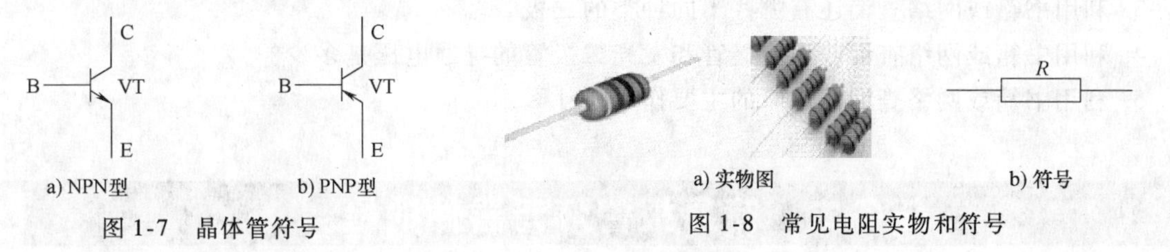

图 1-7 晶体管符号

图 1-8 常见电阻实物和符号

（四）认识电容器

电容器是电子设备中大量使用的电子器件之一，广泛应用于隔直、耦合、旁路、滤波、调谐回路、能量转换、控制电路等方面。常见的电容器实物和符号如图 1-9 所示。

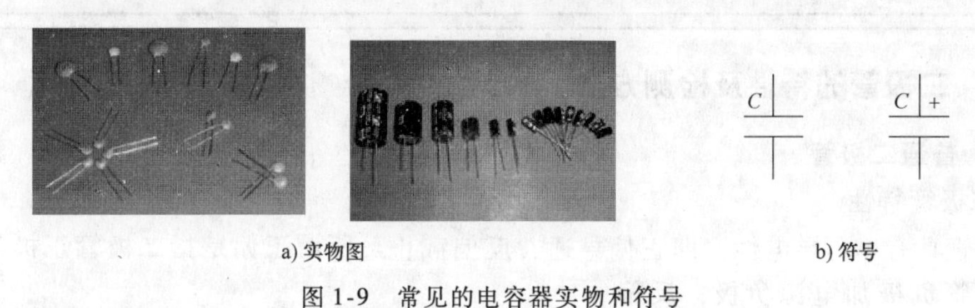

图 1-9 常见的电容器实物和符号

三、识读简易报警灯电路框图

简易报警灯电路由电源电路、振荡电路、显示电路三个部分组成，其框图如图 1-10 所示。

电源电路

振荡电路 显示电路

图 1-10 简易报警灯电路的框图

四、简易报警灯电路框图与电路图对应关系

简易报警灯电路框图与电路图的对应关系如图 1-11 所示。

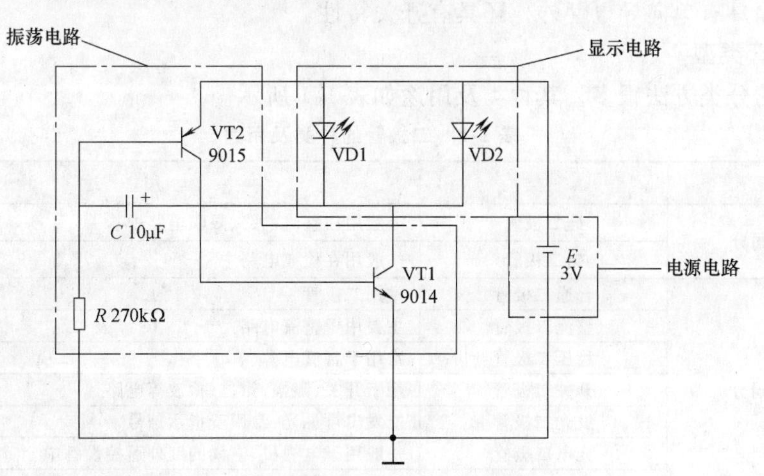

图 1-11 简易报警灯电路框图与电路图对应关系

※思考与练习※

1. 画出二极管的符号，在符号中准确标出正、负极。
2. 画出晶体管的符号，在符号中准确标出三个电极的表示字母。
3. 利用书籍或网络查询还有哪些不同种类的二极管。
4. 利用书籍或网络查询普通二极管和发光二极管的导通电压是多少？
5. 利用书籍或网络查询晶体管的主要作用是什么？

任务二　简易报警灯元器件的检测

※知识准备※

一、二极管的特性及检测方法

(一) 普通二极管

1. 二极管特性

二极管具有单向导电性，即正偏导通，反偏截止。所谓正偏是指二极管正极加电源正极，二极管负极加电源负极；反偏是指二极管负极加电源正极，二极管正极加电源负极。

验证二极管的单向导电性的电路如图 1-12 所示，取二极管、灯泡、电池进行连接。图 1-12a 电路连接后，灯泡发光，图 1-12b 电路连接后，灯泡不亮。

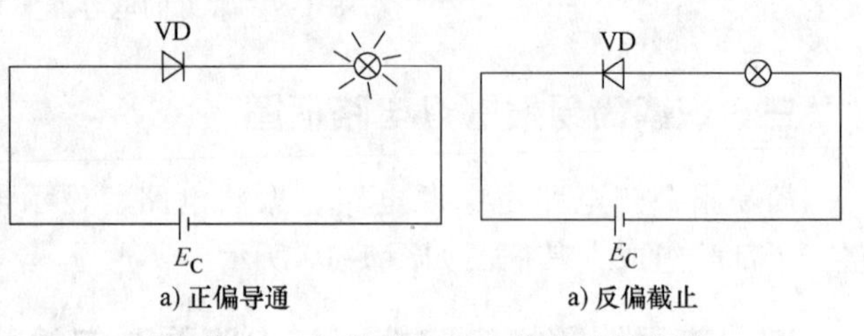

图 1-12　二极管单向导电性的验证电路

二极管除具有单向导电性外，还具有开关特性。

2. 二极管类型

二极管的分类方法很多，其种类及用途如表 1-1 所示。

表 1-1　二极管的种类及用途

分类方法	种类	用　途
按材料不同分	硅二极管	一般用在整流电路、限幅电路中
	锗二极管	一般用在检波电路中
按用途不同分	普通二极管	常用二极管
	整流二极管	主要用于整流电路
	稳压二极管	常用于直流电源
	开关二极管	用于开关、限幅、钳位、检波等电路
	发光二极管	能发出可见光，常用于指示信号
	光电二极管	一般用于电视机、空调的红外遥控设备中
	变容二极管	常用于电视机高频电路中

（续）

分类方法	种类	用　途
按外壳封装的材料不同分	玻璃封装二极管	检波二极管一般采用这种封装材料
	塑料封装二极管	大量二极管都采用这种封装材料
	金属封装二极管	大功率整流二极管一般采用这种封装材料

3. 二极管型号命名方法

二极管品种很多，特性不一，为便于区别和选择，每种二极管都有一个型号。按照国家标准 GB/T 249—1989 的规定，国产二极管的型号一般由五部分组成，如图 1-13 所示。

一　二　三　四　五

五——用字母表示规格号

四——用数字表示器件的序号

三——用字母表示器件的类型

二——用字母表示器件的材料和极性

一——用数字表示器件的电极数目

图 1-13　二极管的型号命名方法

可利用表 1-2 查询二极管型号的意义。

表 1-2　二极管型号的意义

第一部分		第二部分		第三部分		第四部分	第五部分
用数字表示器件的电极数目		用字母表示器件的材料和极性		用字母表示器件的类型		用数字表示器件的序号	用字母表示规格号
符号	意义	符号	意义	符号	意义		
2	二极管	A	N 型，锗材料	P	普通管		
				W	稳压管		
		B	P 型，锗材料	Z	整流管		
				K	开关管		
				V	微波管		
		C	N 型，硅材料	C	参量管		
				L	整流堆		
		D	P 型，硅材料	S	隧道管		
				N	阻尼管		
				U	光电器件		

例如：2AP7 表示 N 型锗材料的普通二极管。

4. 二极管伏安特性曲线

二极管伏安特性曲线可以反映加到二极管两端电压和流过二极管电流之间的关系，如图 1-14 所示。

二极管的伏安特性曲线分为五个区域，其中正向区域有三个，分别是死区、非线性区和线性区；反向区域有两个，分别是截止区和击穿区。

二极管死区电压：硅管为 0.5V，锗管为 0.2V。

二极管导通电压：硅管为 0.7V，锗管为 0.3V。

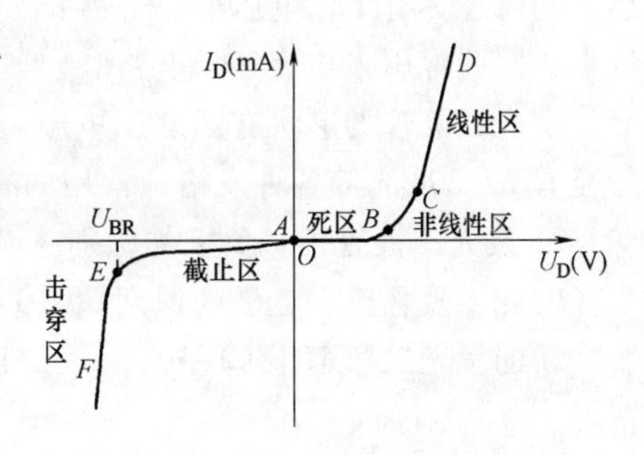

图 1-14　二极管的伏安特性曲线

5. 二极管正、负极的识别

二极管正、负极的识别如图 1-15 所示。

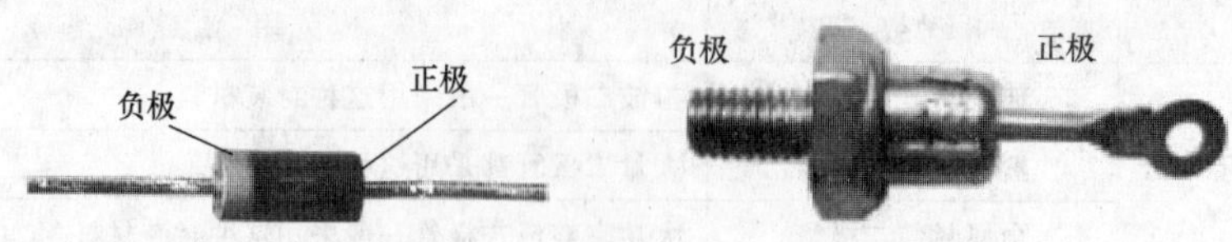

图 1-15　二极管正、负极的识别

二极管的外壳上一般有一个不同颜色的环，用来表示负极；也有的二极管正、负极引脚形状不同，可以此区分它的正、负极，一般带螺纹的一端为负极，另一端为正极。

6. 二极管的检测方法

二极管在测量时应选择万用表的 $R\times1\text{k}$ 或 $R\times100$ 两个档位。由于二极管具有单向导电性，所以二极管的正向电阻小，反向电阻大，二极管正、反向阻值相差越大，二极管的性能越好。二极管的检测方法如图 1-16 所示。

测量时用红、黑表笔分别接触二极管的两端如图 1-16a 所示，如果阻值较小，说明黑表笔接触的是二极管正极，红表笔接触的是二极管负极。之后将两表笔对调如图 1-16b 所示，测得阻值较大，说明红表笔接触的是二极管正极，黑表笔接触的是二极管负极。

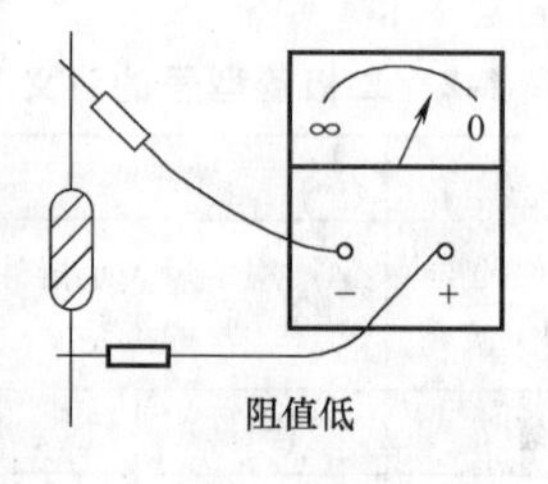

a) 测量正向阻值　b) 测量反向阻值

图 1-16　二极管的检测方法

如果两次测量均为小阻值，近似为零，说明二极管内部短路；如果两次测量均为大阻值，趋近于无穷，说明二极管内部断路。如果二极管的正、反向阻值相差不大，说明其单向导电性差，也不能使用。

（二）发光二极管

1. 发光二极管特点

发光二极管与普通二极管一样是由 PN 结构成的，具有单向导电性。它与普通二极管的不同之处是能将电能直接转换为光能，发出红、绿、黄、橙等单色光或多色光。常见的发光二极管如图 1-17 所示。

发光二极管是一种新型的冷光源，体积比较小，功耗也很小，同时还具有工作电压低、寿命长、单色性好、响应速度快等特点，因此常用来作为显示电路。

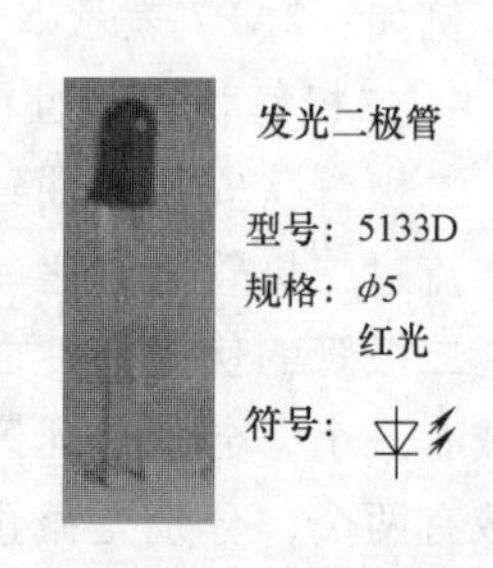

图 1-17　常见的发光二极管

发光二极管的形状有圆形、矩形、方形。圆形发光二极管的外径有 2 ~ 20mm 等各种规格，常用的有 3mm、5mm 等。

2. 发光二极管正、负极的识别

发光二极管正、负极的识别如图 1-18 所示。

新的发光二极管管脚一长一短，长管脚为正极，短管脚为负极。

将发光二极管放在一个光源下，观察两个金属片的大小，通常金属片大的一端为负极，金属片小的一端为正极。

3. 发光二极管测量方法

图 1-19 所示为发光二极管的测量。测量发光二极管时，应选用万用表 $R\times 10k$ 档。

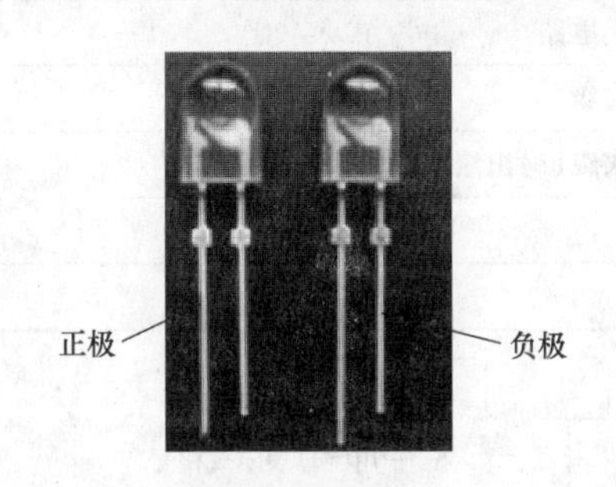

图 1-18　发光二极管正、负极的识别

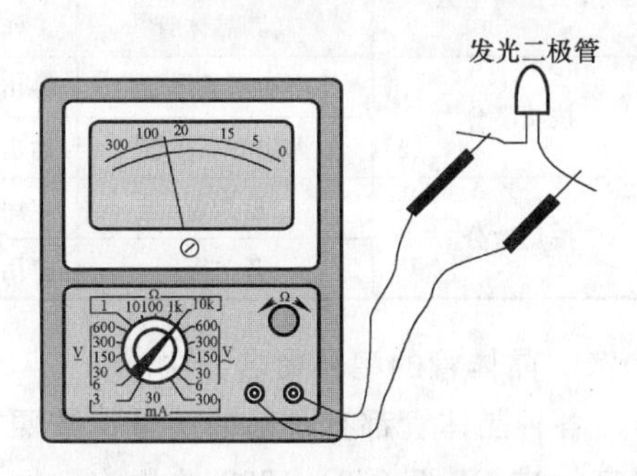

图 1-19　发光二极管的测量

正常时，发光二极管的正向电阻值（黑表笔接正极时）约为 10～20kΩ，反向电阻值为 250kΩ～∞（无穷大）。较高灵敏度的发光二极管，在测量正向电阻值时，管内会发微光。

二、晶体管的特性及检测方法

（一）晶体管的结构与类型

1. 晶体管的结构

晶体管由 3 个区、2 个结、3 个极构成，其结构如图 1-20 所示。

中间一层叫基区；上边一层叫集电区；下边一层叫发射区。基区和集电区之间的 PN 结叫集电结；基区和发射区之间的 PN 结叫发射结。从各区引出三个电极，分别叫基极、集电极、发射极。

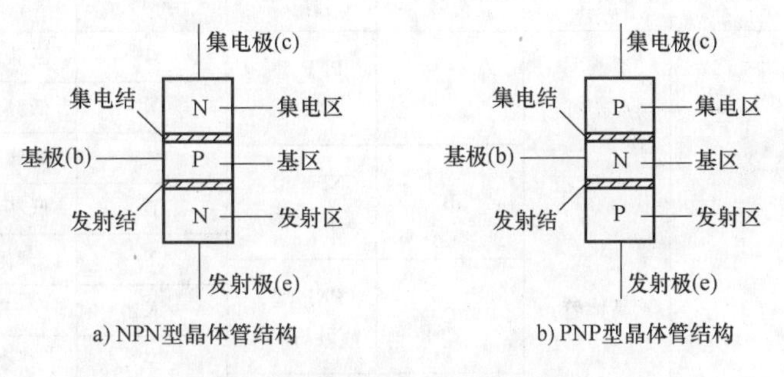

图 1-20　晶体管的结构

箭头方向表示发射极电流方向，NPN 型晶体管箭头向外，PNP 型晶体管箭头向里。目前我国生产的 NPN 型晶体管多采用硅材料，PNP 型晶体管多采用锗材料。

2. 晶体管的类型

晶体管的分类方法很多，其种类及应用如表 1-3 所示。

表 1-3　晶体管的种类及应用

分类方法	种类	应　用
按极性分	NPN 型晶体管	目前常用的晶体管，电流从集电极流向发射极
	PNP 型晶体管	电流从发射极流向集电极
按材料分	硅晶体管	热稳定性好，是常用的晶体管
	锗晶体管	反向电流大，受温度影响较大，热稳定性差

（续）

分类方法	种类	应用
按工作频率分	低频晶体管	工作频率比较低，用于直流放大、音频放大电路
	高频晶体管	工作频率比较高，用于高频放大电路
按功率分	小功率晶体管	输出功率小，用于功率放大器前级
	大功率晶体管	输出功率大，用于功率放大器末级（输出级）
按用途分	放大管	应用在模拟电子电路中
	开关管	应用在数字电子电路中

3. 晶体管的型号命名方法

各种晶体管都有自己的型号，按照国家标准 GB/T 249—1989 的规定，国产晶体管的型号由五部分组成，如图1-21所示。

可通过表 1-4 查询晶体管型号的意义。

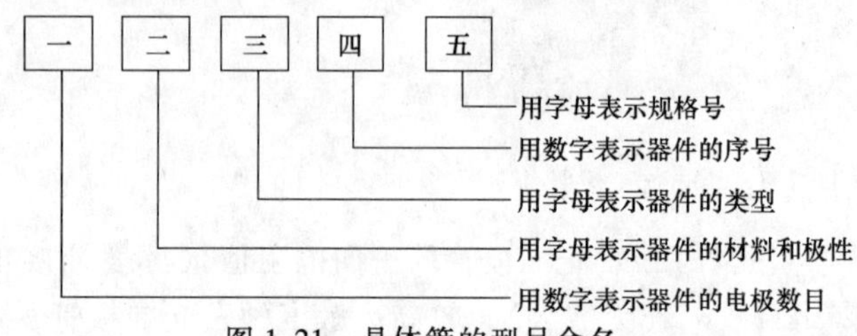

图 1-21　晶体管的型号命名

表 1-4　晶体管型号的意义

第一部分		第二部分		第三部分		第四部分	第五部分
用数字表示器件的电极数目		用字母表示器件的材料和极性		用字母表示器件的类型		用数字表示器件的序号	用字母表示规格号
符号	意义	符号	意义	符号	意义		
3	晶体管	A	PNP 型，锗材料	G	高频小功率管		
				X	低频小功率管		
		B	NPN 型，锗材料	A	高频大功率管		
				D	低频大功率管		
		C	PNP 型，硅材料	T	闸流管		
				K	开关管		
				V	微波管		
		D	NPN 型，硅材料	B	雪崩管		
				J	阶跃恢复管		
		E	化合物材料	U	光敏管（光电管）		
				J	结型场效应晶体管		

（二）晶体管特性及应用

1. 晶体管特性

晶体管具有电流放大作用和开关特性。

2. 晶体管的应用

在放大电路中，晶体管工作在放大状态，常用来放大微弱的电信号。在数字电路中，晶体管工作在开关状态，用来控制电路的通断。

3. 晶体管构成的三种放大电路

放大电路在放大信号时，总有两个电极作为信号的输入端，同时也应有两个电极作为输出端。根据晶体管三个电极与输入、输出端子的连接方式，可归纳为三种：共发射极电路、共基极电路和共集电极电路。图 1-22 所示为这三种电路的连接方法。

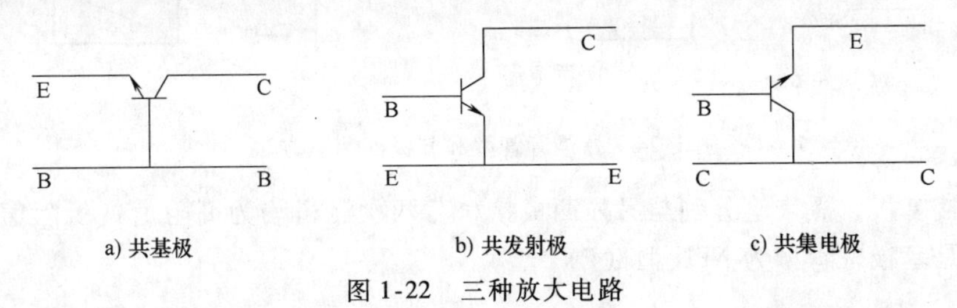

a) 共基极　b) 共发射极　c) 共集电极

图 1-22　三种放大电路

这三种放大电路的共同特点是，它们各有两个回路，其中一个是输入回路，另一个是输出回路，并且这两个回路有一个公共端，而公共端是对交流信号而言的。它们的区别在于：共发射极电路管子的发射极是公共端，信号从基极与发射极之间输入，而从集电极和发射极之间输出；共基极电路则以基极作为输入、输出端的公共端；共集电极电路则以集电极作为输入、输出的公共端，因为它的输出信号是从发射极引出的，所以又把共集电极放大电路称为射极输出器。

(三) 晶体管的识别与检测方法

1. 晶体管三个电极的识别

金属封装的晶体管管脚的判断方法是：面对晶体管，以突起为起点，顺时针依次为发射极 E、基极 B、集电极 C，如图 1-23a 所示。

塑料封装（90 系列）的晶体管管脚的判断方法是：平面朝自己，管脚朝下，从左到右的顺序是发射极 E、基极 B、集电极 C，如图 1-23b 所示。

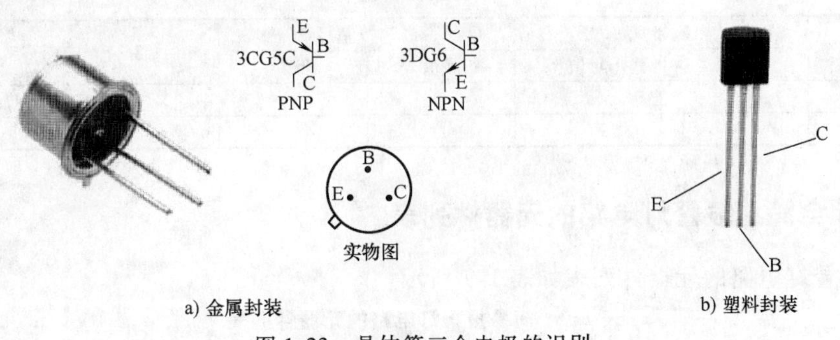

a) 金属封装　b) 塑料封装

图 1-23　晶体管三个电极的识别

常用的有 9011、9018 等几种型号。其中 9011、9013、9014、9016、9018 为 NPN 型晶体管；9012、9015 为 PNP 型晶体管；9016、9018 为高频晶体管，它们的特征频率 f_T 都在 500MHz 以上；9012、9013 型晶体管为功放管，耗散功率为 625mW。

2. 晶体管的检测方法

用万用表测量晶体管时，应选用 $R\times100$ 或 $R\times1k$ 档。图 1-24 所示为用万用表测量晶体管管型和基极的测量方法。

黑表笔接假定的基极，红表笔分别与另外两极接，若两次测得均为低阻值（高阻值），则初步判断黑表笔接的是基极，管型为 NPN 型（PNP 型）。

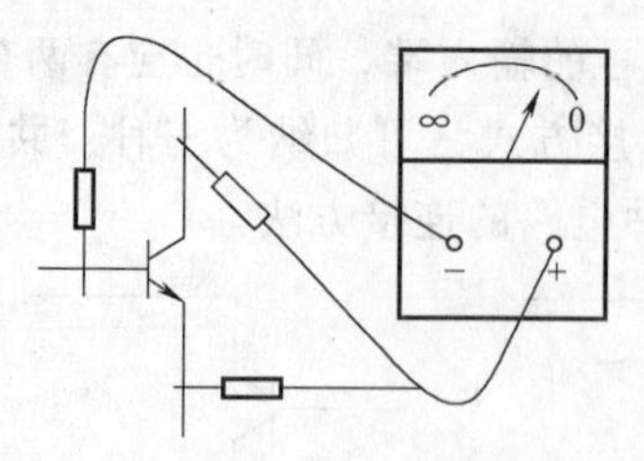

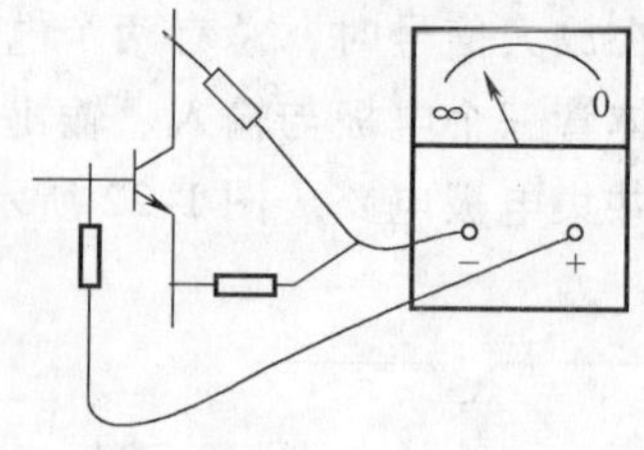

图 1-24　晶体管管型和基极的测量方法

红表笔接基极，黑表笔分别与另外两极接，若两次测得均为高阻值（低阻值），则判断黑表笔接的是基极，管型为 NPN 型（PNP 型）。

※动手实践※

一、测量简易报警灯电路中的发光二极管

发光二极管的测量见表 1-5。

表 1-5　发光二极管的测量

名称	正向阻值	反向阻值	综合判定
VD1			
VD2			

二、测量简易报警灯电路中的晶体管

晶体管的测量见表 1-6。

表 1-6　晶体管的测量

名称	黑笔接基极		红笔接基极		综合判定(好坏、管型)
	阻值	阻值	阻值	阻值	
VT1					
VT2					

三、补全简易报警灯电路的元器件列表

简易报警灯电路的元器件列表如表 1-7 所示。

表 1-7　简易报警灯电路的元器件列表

序号	标称	名称	型号/规格	图形符号	外观	数量	检验结果
1	*R*	电阻	270kΩ				
2	*C*	电解电容	10μF/16V	+			

（续）

序号	标称	名称	型号/规格	图形符号	外观	数量	检验结果
3	VT1	晶体管	9014				
4	VT2	晶体管	9015				
5	VD1、VD2	发光二极管	红		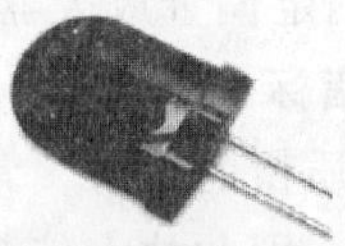		
6	E	电池盒	3V				

※思考与练习※

1. 写一写图 1-25 中特殊二极管的名称。

2. 二极管、晶体管在进行检测时，应选用万用表的__________和__________档位。

3. 二极管和晶体管有没有相似的特性？

4. 用晶体管构成的放大电路有几种？分别叫什么？

5. 90 系列的晶体管__________、__________是 PNP 型晶体管；__________、__________、__________、__________和__________是 NPN 型晶体管。

图 1-25　特殊二极管

6. 画出二极管的伏安特性曲线并标注五个区域。

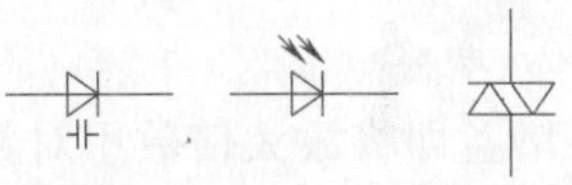

任务三　简易报警灯的组装与调试

※知识准备※

一、放大电路

（一）放大电路的基本结构

把微弱的电信号转变为较强的电信号的电子电路，称为放大电路。放大电路由信号源、放大器、负载构成。放大电路的框图如图1-26所示。

图 1-26 放大电路的框图

（二）放大器的分类

1）按用途分：电压放大器、电流放大器和功率放大器。

2）按工作频率：直流、低频、中频、高频、视频放大器。

3）按信号幅度分：小信号放大器、大信号放大器。

4）按工作状态分：甲类、乙类、甲乙类等放大器。

5）按连接方式分：共发射极、共集电极、共基极放大器。

6）按偏置方式分：固定偏置放大器、分压偏置放大器、电压负反馈偏置放大器等。

（三）放大器的基本指标

为了评价一个放大器质量的优劣，常给出一些规定的指标，用来衡量放大器的性能。放大器是用来放大电信号的，因此放大倍数是它最基本的指标。

1. 放大倍数

放大倍数即输出信号与输入信号有效值之比（A）。计算放大倍数公式见表1-8。

表 1-8 计算放大倍数公式

电压放大倍数 A_U	$A_U=\frac{U_o}{U_i}$
电流放大倍数 A_I	$A_I=\frac{I_o}{I_i}$
功率放大倍数 A_P	$A_P=\frac{P_o}{P_i}=A_IA_U$

2. 增益

增益即将放大倍数用对数来表示（G），单位：dB。计算增益公式见表1-9。

表 1-9 计算增益公式

电压放大增益 G_U	$G_U=20\lg A_U$
电流放大增益 G_I	$G_I=20\lg A_I$
功率放大增益 G_P	$G_P=10\lg A_P$

二、放大电路直流分析

（一）固定偏置放大电路

1. 电路构成

固定偏置放大电路是最简单的一种放大电路，如图1-27a所示。

2. 电路中元器件作用

固定偏置放大电路中各元器件作用见表1-10。

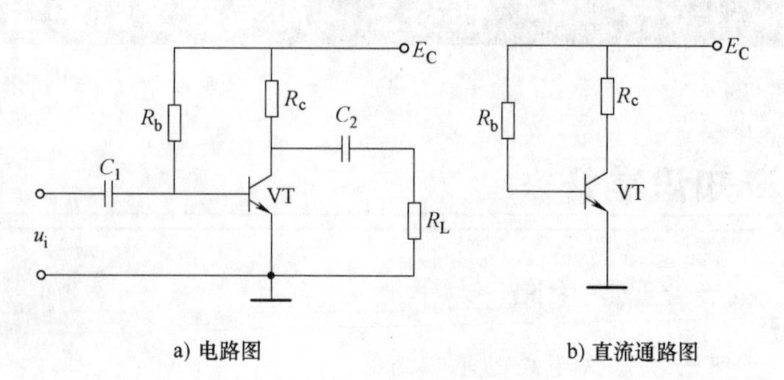

图 1-27 固定偏置放大电路

表 1-10 固定偏置放大电路中各元器件作用

元器件名称	作用
电源 E_C	给放大电路提供直流能源
晶体管 VT	具有电流放大作用
基极偏置电阻 R_b	向发射结提供正向偏置电压 向基极提供偏置电流
集电极负载电阻 R_C	给集电极提供合适的电压，使集电结反偏 把电流放大作用以电压放大形式表示出来
耦合电容 C_1、C_2	隔直通交

3. 静态工作点的计算

画固定偏置放大电路直流通路图时，电容开路，直流电源不变。固定偏置放大电路直流通路图如图 1-27b 所示。

固定偏置放大电路静态工作点的计算公式见表 1-11。

表 1-11 固定偏置放大电路静态工作点的计算公式

工作点	公式	单位
U_{BEQ}	$U_{BEQ}=0.7V$（硅） $U_{BEQ}=0.3V$（锗）	V
I_{BQ}	$I_{BQ}=\dfrac{E_C-U_{BEQ}}{R_b}$	μA
I_{CQ}	$I_{CQ}=\beta I_{BQ}$	mA
U_{CEQ}	$U_{CEQ}=E_C-I_{CQ}R_C$	V

（二）分压式直流负反馈偏置电路

1. 电路构成

分压式直流负反馈偏置电路是一种常用的放大电路，如图 1-28a 所示，直流通路图如图 1-28b 所示。

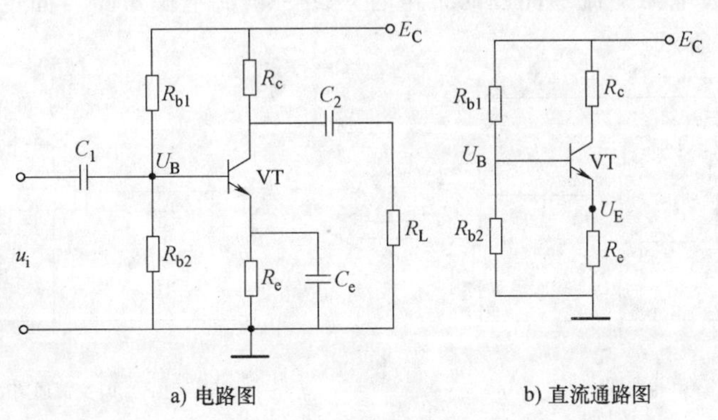

a) 电路图　　b) 直流通路图

图 1-28 分压式直流负反馈偏置电路

2. 电路中元器件作用

分压式直流负反馈偏置电路中各元器件作用见表 1-12。

表 1-12　分压式直流负反馈偏置电路中各元器件作用

元器件名称	作用
电源 E_C	给放大电路提供直流能源
上偏置电阻 R_{b1}	R_{b1}、R_{b2} 组成分压电路，固定基极电压 U_B
下偏置电阻 R_{b2}	
反馈电阻 R_e	产生电流负反馈，稳定集电极电流
旁路电容 C_e	使交流信号电流顺利通过，不至在 R_e 上产生负反馈

3. 静态工作点的计算

分压式直流负反馈偏置电路静态工作点的计算公式见表 1-13。

表 1-13　分压式直流负反馈偏置电路静态工作点的计算公式

工作点	公式	单位
U_B	$U_B=\frac{R_{b2}}{R_{b1}+R_{b2}}E_C$	V
U_E	$U_E=U_B-U_{BEQ}$	V
U_{BEQ}	$U_{BEQ}=0.7V$(硅) $U_{BEQ}=0.3V$(锗)	V
$I_{CQ}=I_{EQ}$	$I_{CQ}=I_{EQ}=\frac{U_E}{R_E}$	mA
I_{BQ}	$I_{BQ}=\frac{I_{CQ}}{\beta}$	μA
U_{CEQ}	$U_{CEQ}=E_C-I_{CQ}(R_C+R_e)$	V

三、放大电路交流分析

（一）固定偏置放大电路

1. 交流通路图

画固定偏置放大电路交流通路图时，电容短路，直流电源短路。固定偏置放大电路和交流通路图如图 1-29 所示。

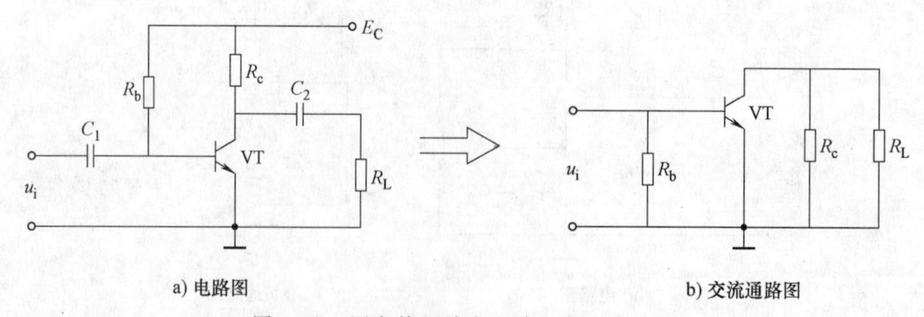

图 1-29　固定偏置放大电路和交流通路图

2. 交流计算

固定偏置放大电路交流计算公式见表 1-14。

表 1-14　固定偏置放大电路交流计算公式

参数	公式	单位
晶体管输入电阻 r_{be}	$r_{be}=300(1+\beta)\frac{26mV}{I_{EQ}mA}$	Ω
放大电路的输入电阻 r_i	$r_i=r_{be}$	Ω
放大电路的输出电阻 r_o	$r_o=R_c$	Ω
放大电路的电压放大倍数 A_U	$A_U=-\beta\frac{R'_L}{r_{be}}$ $R'_L=\frac{R_C R_L}{R_C+R_L}$	

（二）分压式直流负反馈偏置电路

1. 交流通路图

画分压式直流负反馈偏置电路交流通路图时，电容短路，直流电源短路。分压式直流负反馈偏置电路和交流通路图如图 1-30 所示。

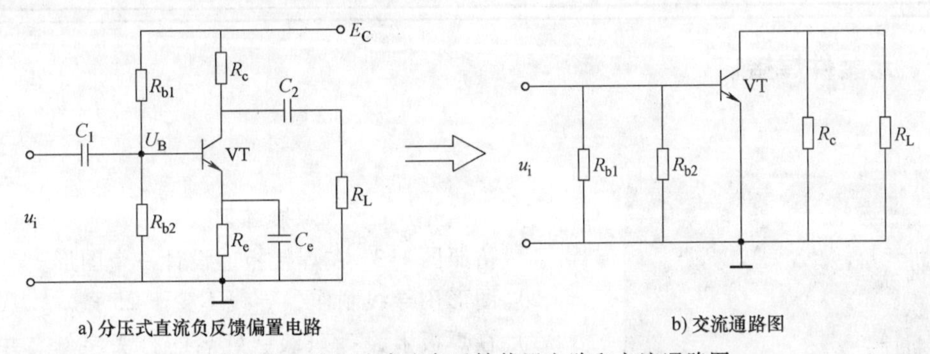

图 1-30　分压式直流负反馈偏置电路和交流通路图

2. 交流计算

分压式直流负反馈偏置电路交流计算公式见表 1-15。

表 1-15　分压式直流负反馈偏置电路交流计算公式

参数	公式	单位
晶体管输入电阻 r_{be}	$r_{be}=300+(1+\beta)\frac{26mV}{I_{EQ}mA}$	Ω
放大电路的输入电阻 R_i	$R_i=R_{b1}//R_{b2}//r_{be}$	Ω
放大电路的输出电阻 R_o	$R_o=R_c$	Ω
放大电路的电压放大倍数 A_U	$A_U=-\beta\frac{R'_L}{r_{be}}$ $R'_L=\frac{R_C R_L}{R_C+R_L}$	

四、振荡电路

振荡电路是一种没有外加交流输入信号的情况下，能够自动地把直流电源供给的能量转换成交流能量输出的电子电路。

振荡电路由基本放大器、选频网络、正反馈网络组成。

常用的振荡电路见表 1-16。

表 1-16　常用的振荡电路

名称	电路种类	用途
LC 振荡电路	变压器耦合振荡电路 电容三点式振荡电路 电感三点式振荡电路	主要用来产生高频信号，一般在 1MHz 以上
RC 振荡电路	*RC* 桥式振荡电路 *RC* 移相式振荡电路	适用于低频振荡，一般用于产生 1Hz ~ 1MHz 的低频信号
石英晶体振荡器	JT	一般用在频率稳定度要求很高的电路中，适合产生高频振荡信号

※动手实践※

一、元器件焊接

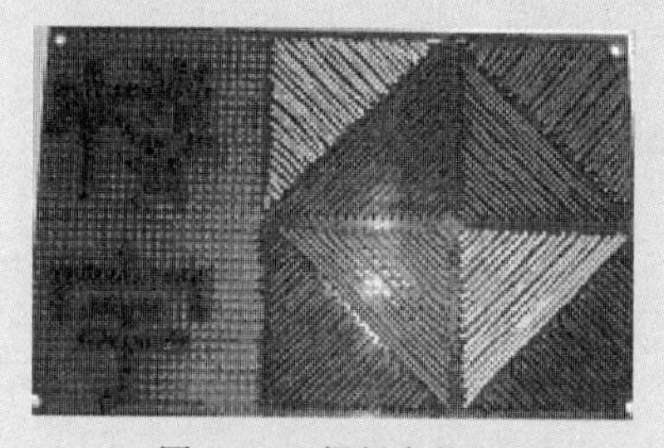

图 1-31　焊板实物图

焊接练习

1）仿照图 1-31 在焊接板上设计一个图形。

2）图形用导线制作，导线不少于 25 条。

3）在焊板上设计班级、姓名的打头字母，并用电阻完成，电阻不少于 20 个。

（一）使用工具

焊接时使用工具见表 1-17。

表 1-17　焊接常用工具

序号	工具名称	实物图	序号	工具名称	实物图
1	尖嘴钳		3	电烙铁	
2	偏口钳		4	吸锡电烙铁	

（二）焊接操作

1. 电烙铁的握法

为了能使焊件焊接牢固，又不烫伤焊件周围的元器件及导线，因此就要根据焊件的位置、大小以及电烙铁的规格，适当地选择电烙铁的握法。图 1-32 所示为电烙铁的三种握法。

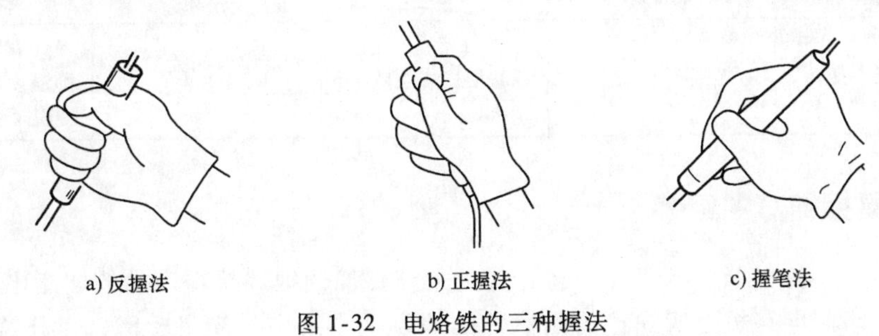

图 1-32　电烙铁的三种握法

2. 焊接操作

通常焊接操作分为五步，如图 1-33 所示。

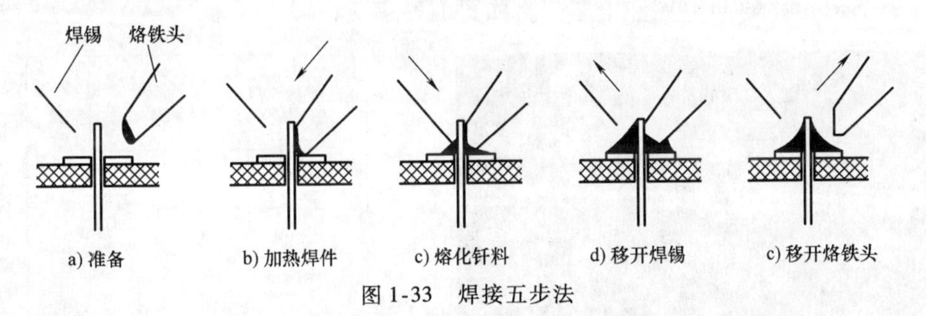

图 1-33　焊接五步法

3. 常见焊点缺陷及其原因

常见焊点缺陷及其原因如表 1-18 所示。

表 1-18　常见焊点缺陷及其原因

焊点缺陷	钎料过少	拉尖	钎料过多	桥接	针孔
产生原因	焊锡撤离过早	助焊剂过少，而加热时间过长；电烙铁撤离角度不当	焊锡撤离过迟	钎料过多；电烙铁撤离方向不当	焊盘孔与引线间隙太大
焊点缺陷	松香焊	过热	虚焊	冷焊	气泡
产生原因	助焊剂过多，或已失效；焊接时间不足，表面氧化膜未去除	电烙铁功率过大，加热时间过长	焊件清理不干净；助焊剂不足或质量差；助焊剂未充分加热	钎料未凝固前焊件抖动或电烙铁功率不足	引线与孔间隙过大或引线浸润性不良

（续）

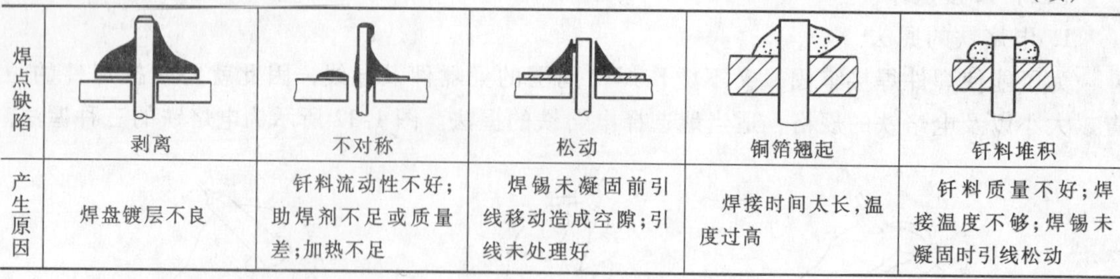

焊点缺陷	剥离	不对称	松动	铜箔翘起	钎料堆积
产生原因	焊盘镀层不良	钎料流动性不好；助焊剂不足或质量差；加热不足	焊锡未凝固前引线移动造成空隙；引线未处理好	焊接时间太长，温度过高	钎料质量不好；焊接温度不够；焊锡未凝固时引线松动

二、简易报警灯的组装

根据给出的简易报警灯电路图，将选择的元器件准确地焊接在产品的印制电路板上。

要求：在印制电路板上所焊接的元器件的焊点大小适中、光滑、圆润、干净、无毛刺；无漏、假、虚、连焊，引脚加工尺寸及成型符合工艺要求；导线长度、剥线头长度符合工艺要求，芯线完好，捻线头镀锡。

简易报警灯电路的 PCB 图和电路图，如图 1-34 所示。

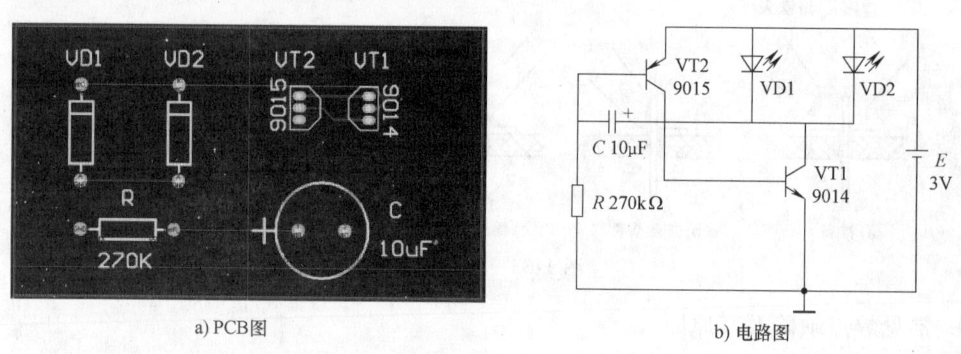

a) PCB图　　b) 电路图

图 1-34　简易报警灯电路的 PCB 图和电路图

（一）简易报警灯电路工作原理

电路接通瞬间电容 *C* 充电，此时晶体管 VT1，VT2 截止，发光二极管熄灭；电容 *C* 充满后，晶体管 VT1，VT2 导通，电容 *C* 通过 VT1 的 CE 放电，此时发光二极管点亮。放电结束后，电容 *C* 再次充电，晶体管截止，发光二极管熄灭；电容 *C* 充满后，晶体管导通，发光二极管再次点亮。依次循环。

（二）简易报警灯安装步骤

简易报警灯安装步骤见表 1-19。

表 1-19　简易报警灯安装步骤

安装步骤	安装元件	安装规范及注意事项
第一步	电阻 *R*	卧式摆放，平铺在焊板上
第二步	晶体管 VT1、VT2	晶体管立式安装，距焊板高度为 3mm，两个晶体管高度要一致。注意电极之间不要短路
第三步	发光二极管 VD1、VD2	立式安装，距焊板高度为 3mm，两个发光二极管高度要一致，注意正、负极
第四步	电容 *C*	立式安装，距焊板高度为 3mm，注意正、负极
第五步	电池安装	将电池盒接于电路中，注意极性

（三）评价标准

1. 焊接工艺评价标准

焊接工艺按下面标准分级评价，见表1-20。

表1-20 焊接工艺评价标准

评价等级	评价标准
A级	所焊接的元器件的焊点适中，无漏、假、虚、连焊，焊点光滑、圆润、干净、无毛刺，焊点基本一致，引脚加工尺寸及成型符合工艺要求；导线长度、剥线头长度符合工艺要求，芯线完好，捻线头镀锡
B级	所焊接的元器件的焊点适中，无漏、假、虚、连焊，但个别（1~2个）元器件有下面现象：有毛刺、不光亮，或导线长度、剥线头长度不符合工艺要求，捻线头无镀锡
C级	3~4个元器件有漏、假、虚、连焊，或有毛刺、不光亮，或导线长度、剥线头长度不符合工艺要求，捻线头无镀锡
D级	有严重（超过4个元器件以上）漏、假、虚、连焊，或有毛刺、不光亮，导线长度、剥线头长度不符合工艺要求，捻线头无镀锡

2. 简易报警灯装配评价标准

根据给出的简易报警灯电路图，把选取的电子元器件及功能部件正确地装配在产品的印制电路板上。

要求：元器件焊接安装无错漏，元器件、导线安装及元器件上字符标示方向均应符合工艺要求；电路板上插件位置正确；电路板和元器件无烫伤和划伤处，整机清洁无污物。

电子产品电路装配可按下面标准分级评价，见表1-21。

表1-21 电子产品电路装配评价标准

评价等级	评价标准
A级	能实现电路功能，焊接安装无错漏，电路板插件位置正确，元器件极性正确，安装可靠牢固，电路板安装对位；整机清洁无污物
B级	能实现电路功能，元器件均已焊接在电路板上，元器件、导线安装及字标方向未符合工艺要求（1处）；或1处出现烫伤和划伤处，有污物
C级	元器件均已焊接在电路板上，但出现错误的焊接安装（2个）元器件或元器件极性不正确；或元器件、导线安装及字标方向未符合工艺要求；2处出现烫伤和划伤处，有污物
D级	有缺少元器件现象；3个以上元器件位置不正确或元器件极性不正确、元器件导线安装及字标方向未符合工艺要求；或3处以上出现烫伤和划伤处，有污物

三、简易报警灯的检测

（一）检测步骤

1. 检测电路中是否有短路现象　□是　□否
2. 检测晶体管三个电极是否接反　□是　□否
3. 检测电容极性是否接反　□是　□否
4. 检测发光二极管是否接反　□是　□否

（二）简易报警灯电路检测点

1. 测量电源电压________V；
2. 测量晶体管VT1基极电压________、集电极电压________、发射极电压________；
3. 测量晶体管VT2基极电压________、集电极电压________、发射极电压________；
4. 测量VD1正极电压________、负极电压________。

（三）电路检测评价标准

电路检测评价标准件见表 1-22。

表 1-22　电路检测评价标准

评价等级	评价标准
A 级	能准确使用万用表量程测量各极电压,电路效果好
B 级	能测量晶体管各极电压,电路达到效果
C 级	经修改电路能达到效果
D 级	虽进行修复,但电路没有达到效果

※思考与练习※

1. 画出放大电路的方框图。

2. 某交流放大器的输入电压为 100mV，输入电流为 0.5mA，输出电压为 1V，输出电流为 50mA。求该放大器的电压、电流及功率放大倍数。

3. 分压式直流负反馈偏置电路中 $\beta=80$，$E_C=24V$，$R_{b1}=33k\Omega$，$R_{b2}=10k\Omega$，$R_C=3.3k\Omega$，$R_e=1.5k\Omega$，求静态工作点。

4. 请说出放大电路与振荡电路的区别。

5. 焊接五步法指的是哪五步？

6. 振荡电路由________、________和________组成。

7. 利用书籍或网络查询振荡电路主要应用在什么电路中？

※项目扩展※

交替闪烁的报警灯的制作

一、电路图

交替闪烁的报警灯电路图如图 1-35 所示，接通后两只二极管交替闪烁。

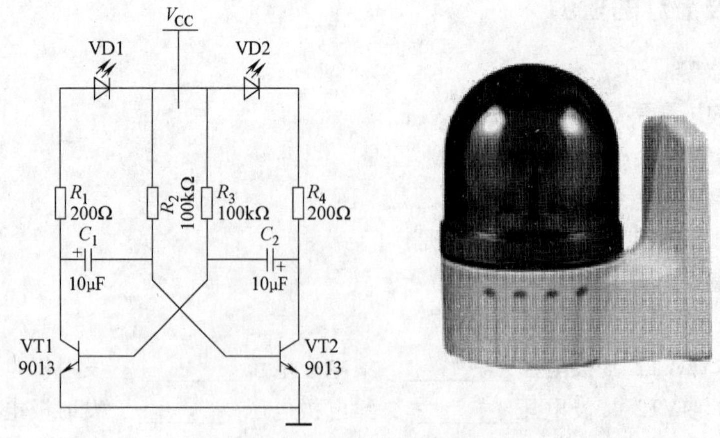

图 1-35　交替闪烁的报警灯电路图

二、电路制作

利用面包板制作交替闪烁的报警灯，并观察效果。交替闪烁的报警灯制作效果图如图 1-36 所示。

图 1-36 交替闪烁的报警灯制作效果图

制作要求：

1）根据电路图，将元器件在面包板上合理布局。

2）在面包板上用导线连接时，必须将导线捋直，并贴在面包板上。

3）电阻采用卧式放置，贴在面包板上。

4）晶体管立式放置，管脚距面包板面 5～8mm，高度一致。

5）铝电解电容立式放置，管脚距面包板面 5～8mm。

6）发光二极管立式放置，管脚距面包板面 8～10mm，高度一致。

三、元器件清单列表

交替闪烁的报警灯元器件清单列表，见表 1-23。

表 1-23 交替闪烁的报警灯元器件清单列表

序号	符号	名称	规格	数量
1	R_1、R_3	电阻	200Ω	2
2	R_2、R_4	电阻	100kΩ	2
3	C_1、C_2	铝电解电容	10μF	2
4	VT1、VT2	晶体管	9013	2
5	VD1、VD2	发光二极管		2
6	V_{CC}	电池	3V	1

项目二
光线感应报警器的制作

※项目描述※

目前智能大厦一般为高层或超高层，人员比较密集，设备物资比较集中。而火灾也最容易发生在人群稠密和物资集中的地方，损失尤以高层和超高层建筑最大。所以，智能建筑的防火系统在智能大厦中的管理最为重要。本项目主要是利用光敏电阻、电位器、压电蜂鸣器、集成电路555等元器件，制作一个光线感应报警器。

光线感应报警器实物图如图2-1所示。

图2-1　光线感应报警器实物图

※项目目标※

知识目标：

1. 掌握光敏电阻、电位器、压电蜂鸣器、集成电路555等元器件电路符号。
2. 了解反馈电路的分析方法。
3. 了解数字电路基础知识。
4. 了解光线感应报警器的工作原理。

能力目标：

1. 能够正确识别光敏电阻、电位器、压电蜂鸣器、电感、集成电路555等元器件。
2. 能够准确地使用万用表检测各元件的好坏。
3. 能够正确识读光线感应报警器电路图及装配图。
4. 能够根据装配图正确组装光线感应报警器。
5. 会查阅参数手册。

素养目标：

进一步熟悉工具、仪表的使用，熟悉职业操作规范。

※项目分析※

本项目通过电路图识读、元器件检测和光线感应报警电路组装与调试三个任务，使学生最终能认识电路中的元器件，了解反馈电路和数字电路的工作原理，能准确按照职业操作规范制作电路。光线感应报警器制作流程如图2-2所示。

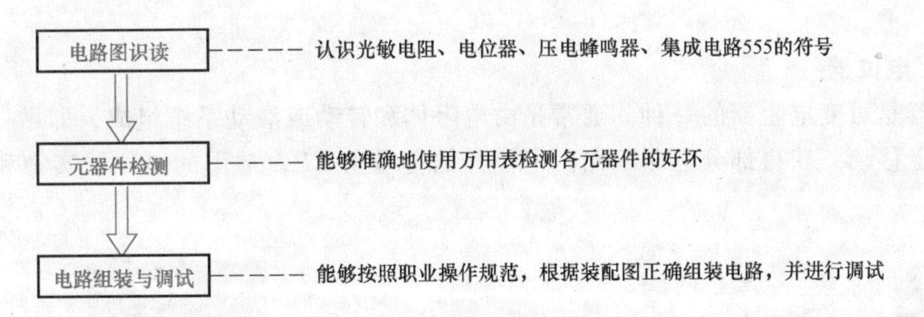

图 2-2　光线感应报警器制作流程

任务一　光线感应报警器电路图的识读

一、识读光线感应报警器电路图

光线感应报警器的电路图如图 2-3 所示。

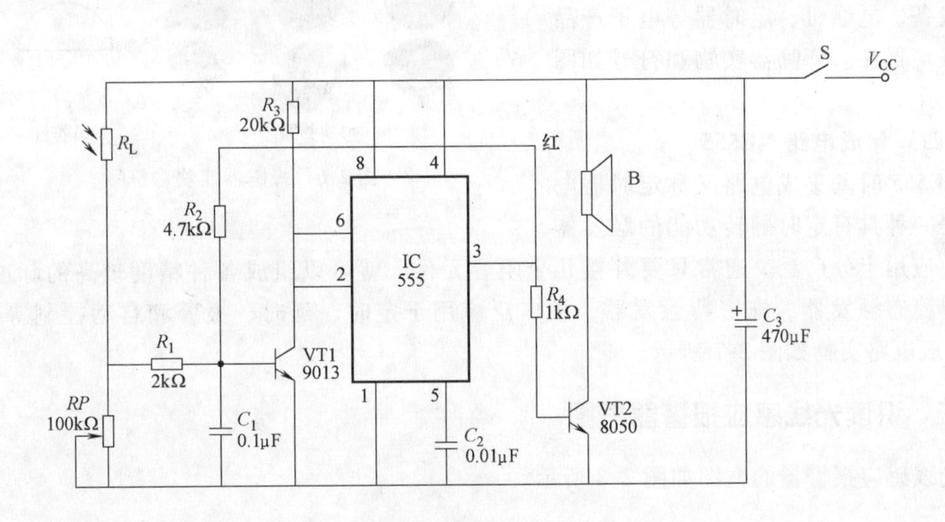

图 2-3　光线感应报警器的电路图

光线感应报警器一般安装在光线比较暗的地方，当有光线照射时能发出“呜—呜—”响亮的报警声，切断报警器电源后，报警声响会停止。

二、认识光线感应报警器中元器件

（一）认识光敏电阻

光敏电阻器又叫光感电阻，是利用半导体的光电效应制成的一种电阻值随入射光的强弱而改变的电阻器；入射光强，电阻减小，入射光弱，电阻增大。光敏电阻器一般用于光的测量、光的控制和光电转换（将光的变化转换为电的变化）。光敏电阻实物和符号如图 2-4

所示。

（二）电位器

电位器是可变电阻器的一种。通常是由电阻体和转动或滑动系统组成，即靠一个动触点在电阻体上移动，获得部分电压输出。电位器的符号为 RP，常用的电位器实物和符号如图 2-5 所示。

图 2-4　光敏电阻实物和符号

图 2-5　常用的电位器实物和符号

（三）蜂鸣器

蜂鸣器是一种一体化结构的电子讯响器，采用直流电压供电，分为有源蜂鸣器和无源蜂鸣器两种。广泛应用于计算机、打印机、复印机、报警器、电子玩具、汽车电子设备、电话机、定时器等电子产品中作发声器件。蜂鸣器实物和符号如图 2-6 所示。

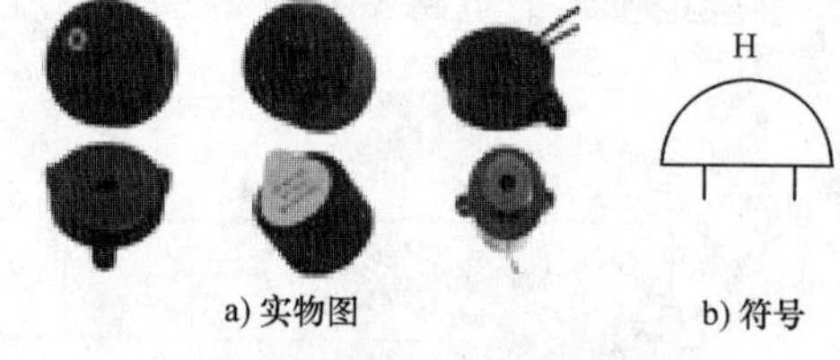

图 2-6　蜂鸣器实物和符号

（四）集成电路 NE555

NE555 时基集成电路又称定时器电路，是一种具有定时翻转功能的触发器电路，应用十分广泛。通常只要外接几个阻容元件，就可以组成各种精度较高的脉冲振荡器、单稳态触发器、施密特触发器，被广泛应用于定时、延时、报警和自动控制等方面。555 集成电路实物如图 2-7 所示。

三、识读光线感应报警器框图

光线感应报警器的框图如图 2-8 所示。

图 2-7　555 集成电路实物

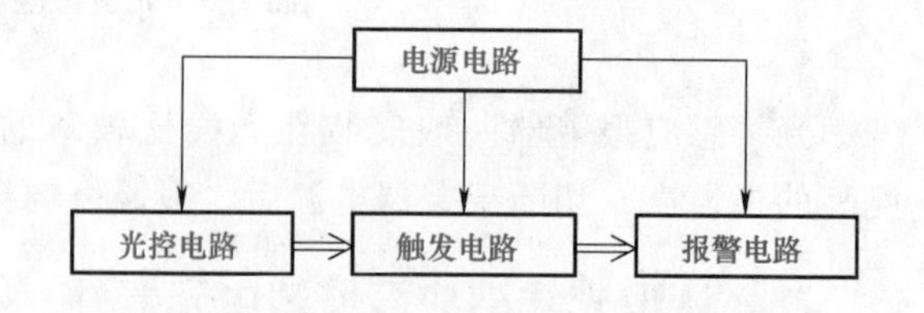

图 2-8　光线感应报警器的框图

四、光线感应报警器框图与电路图对应关系

光线感应报警器框图与电路图的对应关系如图 2-9 所示。

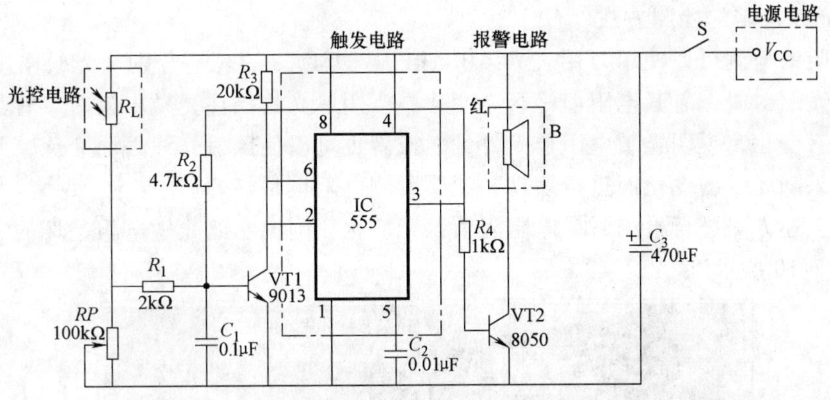

图 2-9 光线感应报警器框图与电路图对应关系

※思考与练习※

1. 画出光敏电阻的符号，并简述光敏电阻的特点。
2. 上网查询蜂鸣器的种类。

任务二 光线感应报警器元器件的检测

※知识准备※

一、光敏电阻的特性及检测方法

(一) 光敏电阻的特性与应用

光敏电阻是利用半导体光电导效应制成的一种特殊电阻器，对光线十分敏感，它的电阻值能随着外界光照强弱（明暗）变化而变化。它在无光照射时，呈高阻状态；当有光照射时，其电阻值迅速减小。

光敏电阻广泛应用于各种自动控制电路（如自动照明灯控制电路、自动报警电路等）、家用电器（如电视机中的亮度自动调节、照相机的自动曝光控制等）及各种测量仪器中。

(二) 光敏电阻的分类

光敏电阻的分类见表 2-1。

表 2-1 光敏电阻的分类

分类	光 敏 电 阻
按制作材料分类	多晶和单晶光敏电阻 还可分为硫化镉、硒化镉、硫化铅、硒化铅、锑化铟光敏电阻等
根据光敏电阻的光谱特性分	紫外光敏电阻:对紫外线较灵敏,用于探测紫外线; 红外光敏电阻:广泛用于导弹制导、天文探测、非接触测量、人体病变探测、红外光谱,红外通信等国防、科学研究和工农业生产中; 可见光光敏电阻:主要用于各种光电控制系统,如光电自动开关门户,航标灯、路灯和其他照明系统的自动亮灭,自动给水和自动停水装置,机械上的自动保护装置和“位置检测器”,极薄零件的厚度检测器,照相机自动曝光装置,光电计数器,烟雾报警器,光电跟踪系统等方面

（三）光敏电阻的检测方法

光敏电阻的检测可以使用万用表 $R\times10\text{k}$ 档，将万用表的表笔分别与光敏电阻的引线脚接触；当有光照射时，看其电阻值是否有变化；当用遮光物挡住光敏电阻时，看其电阻有无变化；如果有变化，说明光敏电阻器是好的。或者也可以使照射光线强弱变化，此时，万用表的指针如果随光线的变化而进行摆动，说明所测电阻也是好的。

如果用上述方法进行检测时，电阻阻值都无变化，则说明此光敏电阻是坏的。光敏电阻的测量如图 2-10 所示。

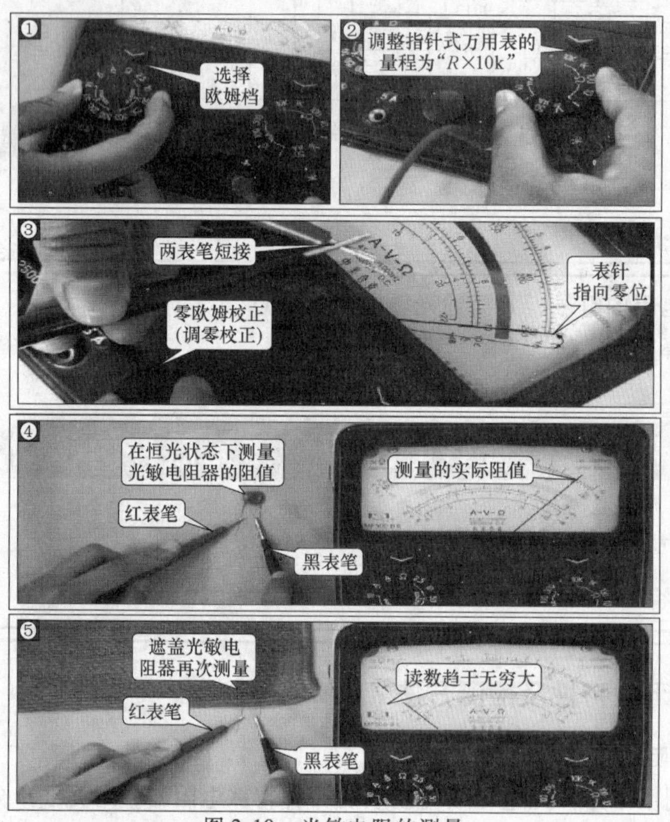

图 2-10 光敏电阻的测量

二、电位器的特点与检测方法

（一）电位器的特点及应用

电位器的作用是调节电压和电流的大小。电位器的结构特点是电位器的电阻体有两个固定端，通过手动调节转轴或滑柄，改变动触点在电阻体上的位置，则改变了动触点与任一个固定端之间的电阻值，从而改变了电压与电流的大小。常用电位器见表 2-2。

表 2-2 常用电位器

名称	实物图	特点及应用
合成碳膜电位器		电阻体是用经过研磨的碳黑、石墨、石英等材料涂敷于基体表面而成，该工艺简单，是目前应用最广泛的电位器。特点是分辨力高、耐磨性好、寿命较长。缺点是电流噪声、非线性大，耐潮性以及阻值稳定性差

（续）

名称	实物图	特点及应用
有机实心电位器		有机实心电位器是一种新型电位器，它是用加热塑压的方法，将有机电阻粉压在绝缘体的凹槽内。有机实心电位器与碳膜电位器相比具有耐热性好、功率大、可靠性高、耐磨性好的优点。但温度系数大、动噪声大、耐潮性能差、制造工艺复杂、阻值精度较差。在小型化、高可靠、高耐磨性的电子设备以及交、直流电路中用作调节电压、电流
金属玻璃铀电位器		用丝网印刷法按照一定图形，将金属玻璃铀电阻浆料涂覆在陶瓷基体上，经高温烧结而成。特点是：阻值范围宽、耐热性好、过载能力强、耐潮、耐磨等都很好，是很有前途的电位器品种，缺点是接触电阻和电流噪声大
绕线电位器		绕线电位器是将康铜丝或镍铬合金丝作为电阻体，并把它绕在绝缘骨架上制成。绕线电位器特点是接触电阻小、精度高、温度系数小，其缺点是分辨力差、阻值偏低、高频特性差。主要用作分压器、变阻器、仪器中调零和工作点等
金属膜电位器		金属膜电位器的电阻体可由合金膜、金属氧化膜、金属箔等分别组成。特点是分辨力高、耐高温、温度系数小、动噪声小、平滑性好
导电塑料电位器		用特殊工艺将 DAP（邻苯二甲酸二稀丙酯）电阻浆料覆在绝缘机体上，加热聚合成电阻膜，或将 DAP 电阻粉热塑压在绝缘基体的凹槽内形成的实心体作为电阻体。特点是：平滑性好、分辨力优异、耐磨性好、寿命长、动噪声小、可靠性极高、耐化学腐蚀。用于宇宙装置、导弹、飞机雷达天线的伺服系统等
带开关的电位器		有旋转式开关电位器、推拉式开关电位器、推推开关式电位器
预调式电位器		预调式电位器在电路中，一旦调试好，用蜡封住调节位置，在一般情况下不再调节
直滑式电位器		采用直滑方式改变电阻值
双联电位器		双联电位器其实就是两个相互独立的电位器的组合，在电路中可以调节两个不同的工作点电压或信号强度

(二) 电位器的检测方法

1. 标称阻值的检测方法

根据电位器标称阻值大小，选择万用表欧姆档的合适量程。测 A、C 两端的阻值是否与标称阻值相符。如阻值为无穷大时，表明电阻体与其相连的引脚断开了。标称阻值的检测如图 2-11 所示。

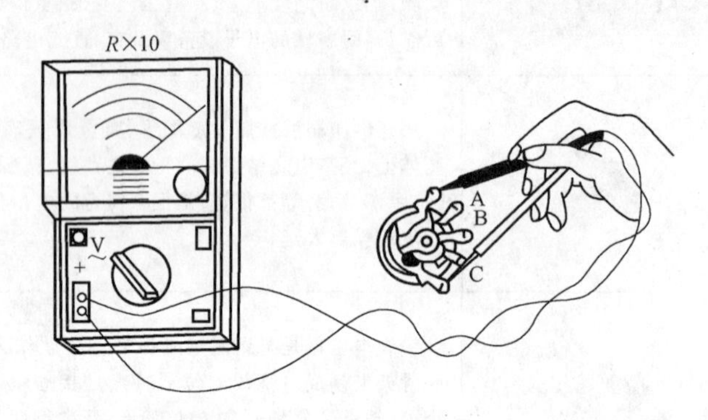

图 2-11　标称阻值的检测

2. 动触点与电阻体接触是否良好的检测方法

选择万用表的欧姆档（根据标称阻值的大小选好量程），两支表笔分别接电位器的一个固定引脚与动触点引脚，然后慢慢地旋转转轴，这时表针应平稳地向一个方向移动，阻值不应有跌落现象，表明滑动触点与电阻体接触良好。检测时应注意表笔与引脚不应有断开现象，否则将影响测量结果的准确性。

三、蜂鸣器的分类及检测方法

(一) 蜂鸣器的分类

1. 压电式蜂鸣器和电磁式蜂鸣器

目前最常用的蜂鸣器分为两种，一种是压电式蜂鸣器，另一种是电磁式蜂鸣器。蜂鸣器的实物图如 2-12 所示。

压电式蜂鸣器主要由多谐振荡器、压电蜂鸣片、阻抗匹配器及共鸣箱、外壳等组成。有的压电式蜂鸣器外壳上还装有发光二极管。压电蜂鸣片由锆钛酸铅或铌镁酸铅压电陶瓷材料制成。在陶瓷片的两面镀上银电极，经极化和老化处理后，再与黄铜片或不锈钢片粘在一起。电磁式蜂鸣器由振荡器、电磁线圈、磁铁、振动膜片及外壳等组成。接通电源后，振荡器产生的音频信号电流通过电磁线圈，使电磁线圈产生磁场。振动膜片在电磁线圈和磁铁的相互作用下，周期性地振动发声。

a) 压电式蜂鸣器

b) 电磁式蜂鸣器

图 2-12　蜂鸣器的实物图

不管是压电式蜂鸣器还是电磁式蜂鸣器，都有自带音源和不带音源之分。

2. 有源蜂鸣器和无源蜂鸣器

现在市场上出售的小型蜂鸣器因其体积小、重量轻、价格低、结构牢靠，而广泛地应用在各种需要发声的电器设备、电子制作和单片机等电路中。有源蜂鸣器和无源蜂鸣器的区别见表 2-3。

表 2-3　有源蜂鸣器和无源蜂鸣器的区别

名称	有源蜂鸣器	无源蜂鸣器
实物图		
高度	9mm	8mm
底面	黑胶封闭	有绿色电路板
阻值	几百欧以上	8Ω(或 16Ω)
测试声音	发出咔咔声	发出持续声音
音源	不需要外接音源,只要加上合适的直流电源(工作电压有 1.5V、3V、6V、9V、12V 之分)即可发出声音	需要外接音频电路才能发声

(二) 蜂鸣器的检测方法

1. 外观检测

陶瓷片表面是否破损、开裂或引脚是否脱焊。

2. 直流电阻法

可以用万用表 $R\times 1k$ 测量，正常应为无穷大，指针不动，如果指针有摆动，说明有漏电。用拇指稍用力挤压两极片，阻值应小于 1MΩ。检测方法如图 2-13 所示。

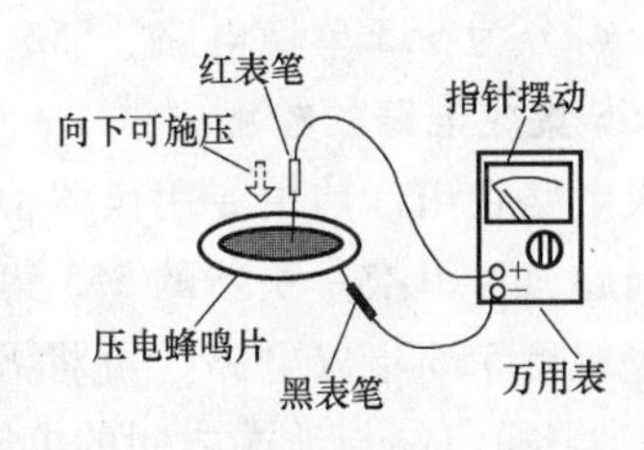

图 2-13　蜂鸣器检测方法

3. 直流电压法

用万用表的 2.5V 直流电压档，右手持两表笔，黑表笔接压电陶瓷表面，红表笔接金属片表面（不锈钢片或黄铜片），左手的食指与拇指同时用力捏紧蜂鸣片，然后再放开手。若所测的压电蜂鸣片是正常的，此时万用表指针应向右摆动一下，然后回零。摆动幅度越大，说明压电蜂鸣片的灵敏度越高。若指针不动，则说明该压电蜂鸣片性能不良。

4. 直流电流法

用万用表的 50μA 档，两表笔分别接蜂鸣片的两个电极，平放蜂鸣片，用手指面对陶瓷片轻压，观察指针运动。若指针摆动，说明蜂鸣片工作正常，摆动越大，质量越好；无摆动，说明已损坏。

四、NE555集成电路的识别与检测方法

（一）NE555集成电路的识别

NE555时基集成电路是数字集成电路，是由21个晶体管、4个二极管和16个电阻组成的定时器，有分压器、比较器、触发器和放电器等功能的电路。它具有成本低、易使用、适应面广、驱动电流大和一定的负载能力。在电子制作中只需经过简单调试，就可以做成多种实用的各种小电路，远远优于晶体管电路。

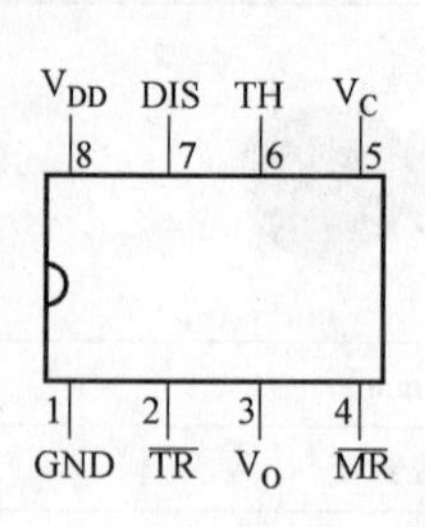

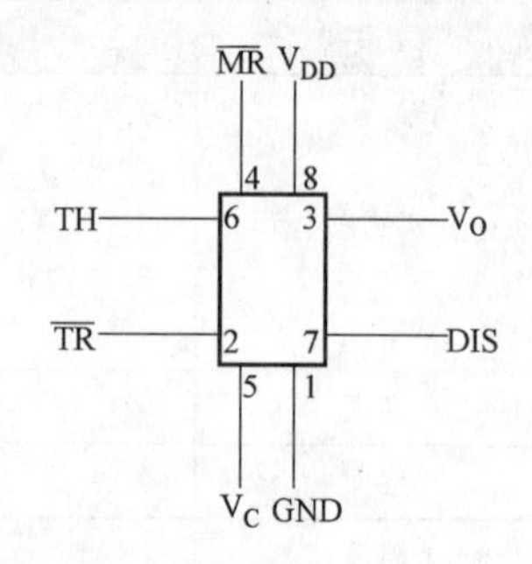

图2-14　NE555时基集成电路引脚图

NE555时基集成电路引脚图如图2-14所示。各引脚功能见表2-4。

表2-4　NE555时基集成电路引脚功能

引脚	名称	引脚	名称
1	地端(GND)	5	控制电压端(V_C)
2	触发端($\overline{TR}$)	6	阈值端(TH)
3	输出端(Vo)	7	放电端(DIS)
4	复位端($\overline{MR}$)	8	电源端(V_{DD})

（二）NE 555应用电路的分类

NE555的应用电路很多，只要改变555集成电路的外部附加电路，就可以构成几百种应用电路，大体上可分为555单稳电路、555双稳电路及555无稳（即振荡器）电路三类。

（三）NE555集成电路的检测方法

NE555集成电路在出厂前由专用仪器检测过，一般情况下使用前不检测，若使用中555集成电路出现问题，可另换一块新的555集成电路，从而判断原555集成电路的好坏。

若用万用表粗测555集成电路，可将万用表调至$R\times1\text{k}$档，测电源端与地端之间的电阻，约为15kΩ，测输出端与地端之间的电阻约为几千欧至几十千欧。

※动手实践※

一、测量光线感应报警器中的光敏电阻

光敏电阻的测量见表2-5。

表2-5　光敏电阻的测量

R_L	阻值	综合判定
无光照时		
光线弱时		
光线强时		

二、测量光线感应报警器中的电位器

电位器的测量见表 2-6。

表 2-6　电位器的测量

名称	标称阻值	综合判定
RP		

三、测量光线感应报警器中的压电蜂鸣器

压电蜂鸣器的测量见表 2-7。

表 2-7　压电蜂鸣器的测量

测量方法	观察情况	综合判定
直流电阻法		
直流电压法		
直流电流法		

四、补全光线感应报警器的元器件列表

光线感应报警器的元器件列表，见表 2-8。

表 2-8　光线感应报警器的元器件列表

序号	标称	名称	型号/规格	图形符号	外观	检验结果
1	R_1	电阻	2kΩ			
2	R_2	电阻	4.7kΩ			
3	R_3	电阻	20kΩ			
4	R_4	电阻	1kΩ			
5	*RP*	电位器	100kΩ	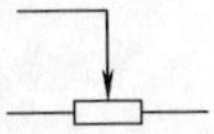		
6	C_1	独石电容	0.1μF			
7	C_2	独石电容	0.01μF			
8	C_3	电解电容	10μF/16V	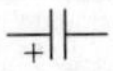		

（续）

序号	标称	名称	型号/规格	图形符号	外观	检验结果
9	VT1	晶体管	9013			
10	VT2	晶体管	8050			
11	R_L	光敏电阻				
12		集成块	NE555	V_{DD} 8, DIS 7, TH 6, V_C 5; 1 GND, 2 $\overline{TR}$, 3 V_O, 4 $\overline{MR}$		
13		IC 插座	八脚			
14	B	有源报警扬声器	TWH11B			

※思考与练习※

1. 写出图 2-15 中电位器的名称。
2. 简述光敏电阻的测量方法。
3. 写出 NE555 的 8 个引脚的功能。

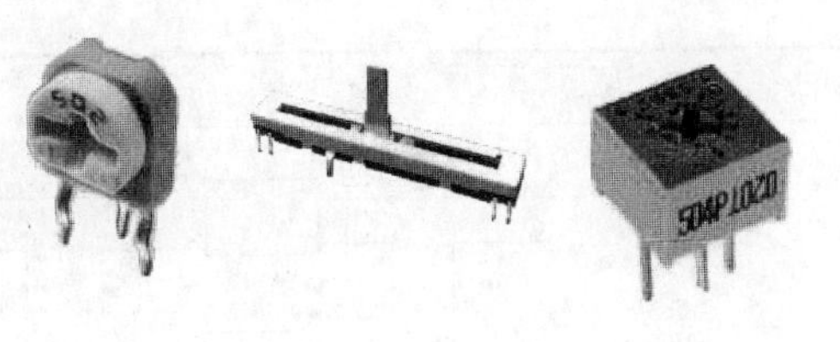

图 2-15　电位器

任务三　光线感应报警器的组装与调试

※知识准备※

一、反馈电路

（一）反馈的基本概念

反馈是把放大电路输出信号（电压或电流）的一部分或全部，通过一定的方式送回输入端，并与输入信号（电压或电流）相叠加，这种信号的回送过程叫反馈。

反馈放大电路由基本放大器和反馈网络两部分组成。反馈放大电路的框图如图 2-16 所示。

反馈的极性有两种，即正反馈和负反馈。如果反馈信号增强了原有输入信号对放大器的作用，使放大器的放大倍数升高，称为正反馈。如果反馈信号削弱了原有输入信号对放大器的作用，使放大器的放大倍数降低，称为负反馈。

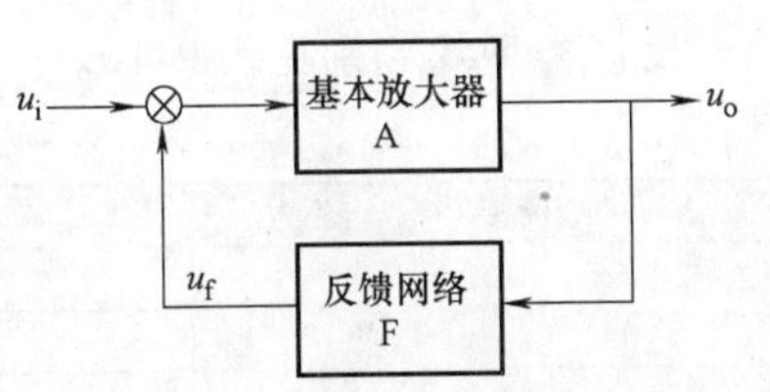

图 2-16　反馈放大电路的框图

（二）反馈的四种基本形式

反馈的四种基本形式见表 2-9。

表 2-9　反馈的四种基本形式

反馈类型	框　图
电压串联反馈	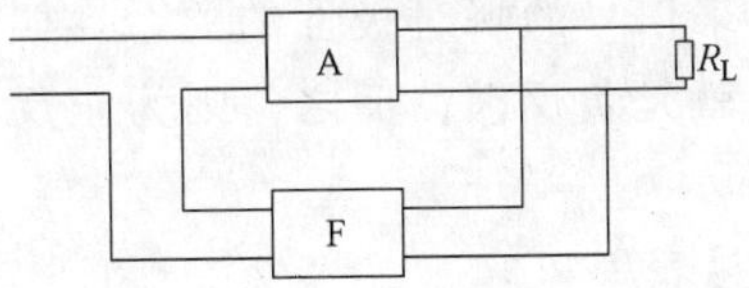 A　F　R_L
电压并联反馈	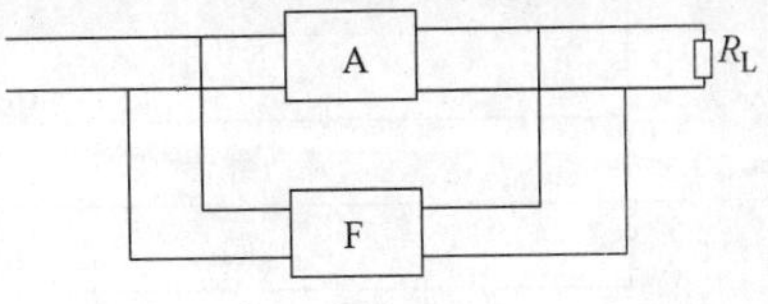 A　F　R_L

（续）

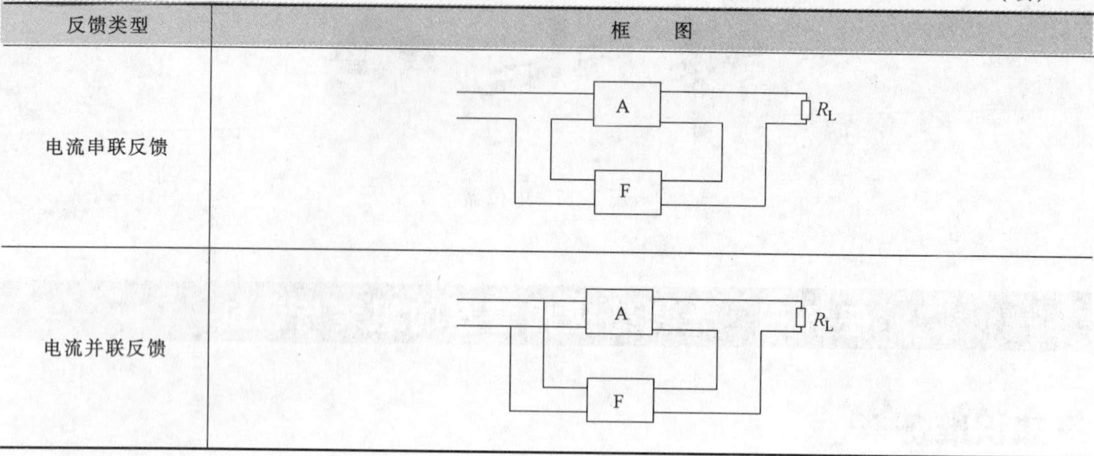

反馈类型	框　　图
电流串联反馈	A　F　R_L
电流并联反馈	A　F　R_L

（三）判断反馈类型、极性

1. 确定反馈元件的方法

具体步骤如下：

（1）确定输入回路元件。

（2）确定输出回路元件。

（3）两回路共用元件为反馈元件。

2. 判别反馈类型

反馈类型的判别见表 2-10。

表 2-10　反馈类型的判别

所接端	连接情况	反馈类型
输出端	与 R_L 接在同一端点	电压反馈
	与 R_L 接在不同端点	电流反馈
输入端	与输入信号接在同一端点	并联反馈
	与输入信号接在不同端点	串联反馈

3. 判断反馈极性

判断反馈极性时，使用的是瞬时极性法。即假设放大器输入信号的极性在某一瞬时为正或负，然后逐级推出各点的瞬时极性，最后看反馈回来信号的瞬时极性的关系。如果反馈使放大器的净输入减小，就是负反馈；反之，则为正反馈。晶体管极性关系如图 2-17 所示。

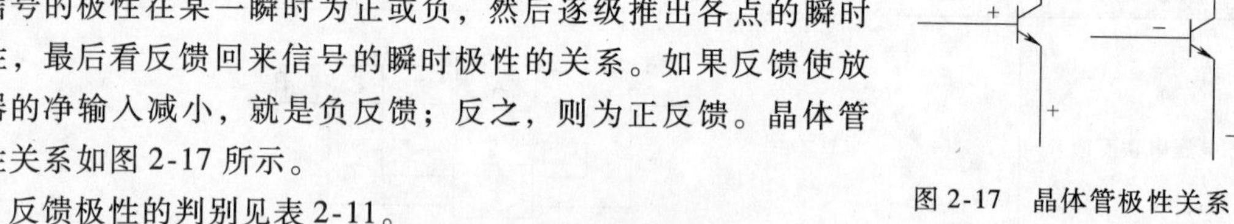

图 2-17　晶体管极性关系

反馈极性的判别见表 2-11。

表 2-11　反馈极性的判别

反馈类型	反馈信号与输入信号对比情况	反馈极性
并联反馈	同号	正反馈
	异号	负反馈
串联反馈	同号	负反馈
	异号	正反馈

二、数制

（一）数制的种类

数制也称计数制，是用一组固定的符号和统一的规则来表示数值的方法。人们通常采用的数制有十进制、二进制、八进制和十六进制。数制的种类见表 2-12。

表 2-12 数制种类

进制	基数	基本数码	权	特点
十进制数	10	0、1、2、3、4、5、6、7、8、9	10^i	逢十进一
二进制数	2	0、1	2^i	逢二进一
八进制数	8	0、1、2、3、4、5、6、7	8^i	逢八进一
十六进制数	16	0、1、2、3、4、5、6、7、8、9 和 A、B、C、D、E、F	16^i	逢十六进一

（二）数制之间的转换

1. 任意进制数转换成十进制数

按位权展开式展开，然后进行算术运算。

2. 十进制数转换成其他进制数

采用除进制数取余法，将全部余数按相反的顺序排列。

进制对照表见 2-13。

表 2-13 进制对照表

十进制数	二进制数	八进制数	十六进制数
0	0000	0	0
1	0001	1	1
2	0010	2	2
3	0011	3	3
4	0100	4	4
5	0101	5	5
6	0110	6	6
7	0111	7	7
8	1000	10	8
9	1001	11	9
10	1010	12	A
11	1011	13	B
12	1100	14	C
13	1101	15	D
14	1110	16	E
15	1111	17	F

3. 二进制数与八进制数转换

从低位起每三位数分成一组，最高位不够三位补零，然后顺序写出对应的八进制数。

4. 二进制数与十六进制数转换

从低位起每四位数分为一组，最高位不足四位补零，然后顺序写出对应的十六进制数。

5. 八进制数与二进制数转换

用三位二进制数表示一位八进制数，去掉最高位0，然后顺序排列成二进制数。

6. 十六进制数与二进制数转换

用四位二进制数表示一位十六进制数，去掉最高位的0，然后顺序排列起来便求出二进制数。

三、逻辑门电路

实现基本和常用逻辑运算的电子电路，叫逻辑门电路。在数字电路中，所谓“门”就是指能实现基本逻辑关系的电路。

（一）基本门电路

最基本的逻辑关系是与、或、非，最基本的逻辑门是与门、或门和非门。实现“与”运算的叫“与门”，实现“或”运算的叫“或门”，实现“非”运算的叫“非门”，也叫做反相器。基本门电路见表2-14。

表2-14　基本门电路

门电路	逻辑表达式	运算规则	逻辑门电路的符号
与门	$L = AB$	$0 \cdot 0 = 0; 0 \cdot 1 = 0;$ $1 \cdot 0 = 0; 1 \cdot 1 = 1$	A, B → & → L
或门	$L = A + B$	$0+0=0; 0+1=1;$ $1+0=1; 1+1=1$	A, B → ≥1 → L
非门	$L = \overline{A}$	$\overline{0}=1$ $\overline{1}=0$	A → 1 → L

1. 与门电路

（1）与逻辑关系

与逻辑关系电路如图2-18所示。开关A和B串联与灯泡L和电源E组成回路，使灯泡L亮的条件是开关A和B同时闭合。只要其中有一个开关断开，灯泡L都不会亮。这里开关A和B的闭合与灯泡亮的关系可描述为条件A和B同时满足时，事件才会发生，这种关系称为与逻辑关系，其逻辑表达式为$L = AB$。

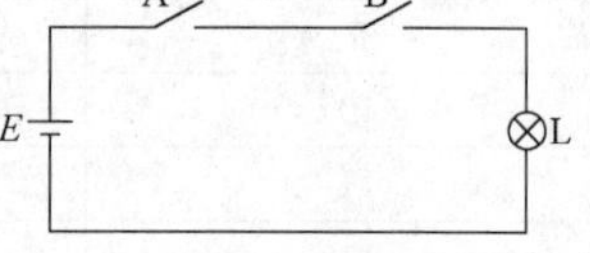

图2-18　与逻辑关系电路

（2）与逻辑真值表

若将开关的闭合规定为1，开关的断开规定为0；灯泡的亮规定为1，灯泡的灭规定为0，可将逻辑变量A、B和函数L的各种取值的可能性用表2-15表示，这样的表称为真值表。

表2-15　与逻辑真值表

A	B	AB
0	0	0
0	1	0
1	0	0
1	1	1

（3）与运算规则

0·0 = 0；0·1 = 0；1·0 = 0；1·1 = 1

结论：有0出0，全1才1。

（4）与逻辑门电路符号

与逻辑门电路符号如图2-19所示。

2. 或门电路

（1）或逻辑关系

或逻辑关系电路如图2-20所示。开关A和B并联与灯泡L和电源E组成回路，使灯泡L亮的条件是开关A和B至少有一个是闭合的。只有开关A和B都断开时，灯泡L才不会亮。这里开关A和B的闭合与灯泡亮的关系可描述为只要有一个条件满足事件就会发生，这种关系称为或逻辑关系，其逻辑表达式为L = A + B。

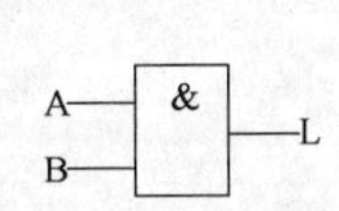

图2-19　与逻辑门电路符号

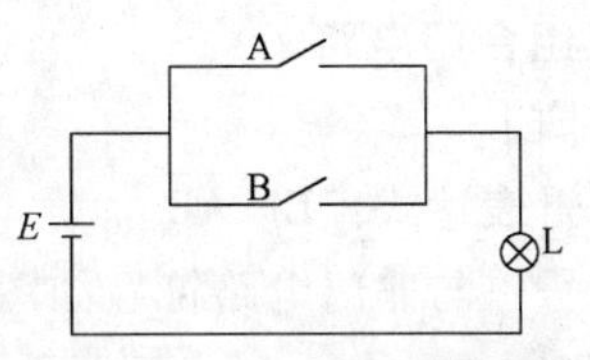

图2-20　或逻辑关系电路

（2）或逻辑真值表

若将开关的闭合规定为1，开关的断开规定为0；灯泡的亮规定为1，灯泡的灭规定为0，可将逻辑变量A、B和函数L的各种取值的可能性用表2-16表示，这样的表称为真值表。

表2-16　或逻辑真值表

A	B	A + B
0	0	0
0	1	1
1	0	1
1	1	1

（3）或运算规则

0 + 0 = 0；0 + 1 = 1；1 + 0 = 1；1 + 1 = 1；

结论：有1出1，全0才0。

（4）或逻辑门电路符号

或逻辑门电路符号如图2-21所示。

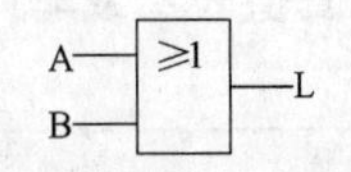

图2-21　或逻辑门电路符号

3. 非门电路

（1）非逻辑关系

非逻辑关系电路如图2-22所示。开关A与灯泡L并联和电源E组成回路，使灯泡L亮的条件是开关A断开。如果开关A闭合，灯泡L就不会亮。这里开关A的断开与灯泡L亮的关系称为非逻辑关系，即事件的结果和条件总是相反状态，其逻辑表达式为$L = \overline{A}$。

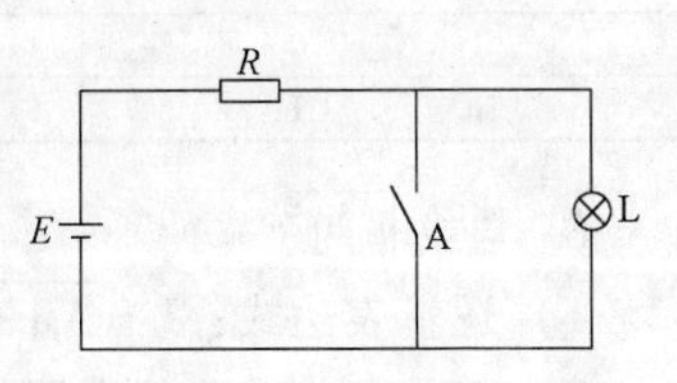

图2-22　非逻辑关系电路

（2）非逻辑真值表

若将开关的闭合规定为1，开关的断开规定为0；将灯泡亮规定为1，灯泡灭规定为0，可将逻辑变量A和函数L的各种取值的可能性用表2-17表示，这样的表称为真值表。

表2-17 非逻辑真值表

A	L
0	1
1	0

（3）非运算规则

$\overline{0}=1$　$\overline{1}=0$

结论：取反。

（4）非逻辑门电路符号

非逻辑门电路符号如图2-23所示。

（二）组合门电路

1. 与非门

1）逻辑表达式：$L=\overline{AB}$。

2）符号：与非门电路符号如图2-24所示。

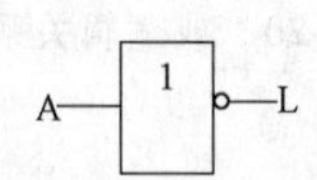

图2-23 非逻辑门电路符号

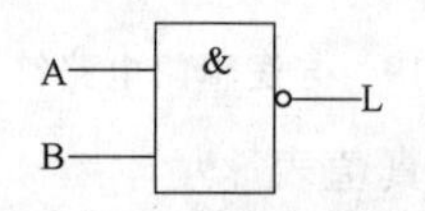

图2-24 与非门电路符号

3）真值表：与非门的真值表见表2-18。

表2-18 与非门的真值表

A	B	AB	$\overline{AB}$
0	0	0	1
0	1	0	1
1	0	0	1
1	1	1	0

2. 或非门

1）逻辑表达式：$L=\overline{A+B}$。

2）符号：或非门电路符号如图2-25所示。

3）真值表：或非门的真值表见表2-19。

图2-25 或非门电路符号

表2-19 或非门的真值表

A	B	A + B	$\overline{A+B}$
0	0	0	1
0	1	1	0
1	0	1	0
1	1	1	0

3. 与或非门

1）逻辑表达式：$L=\overline{AB+CD}$。

2）符号：与或非门电路符号如图2-26所示。

3）真值表：与或非门的真值表见表2-20。

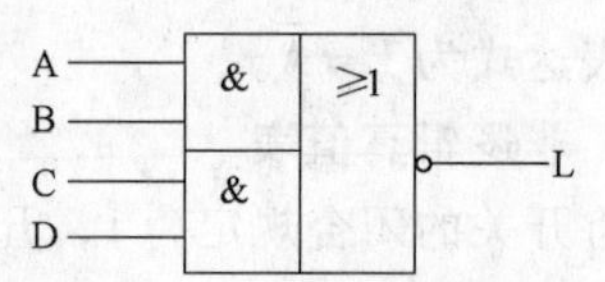

图2-26 与或非门电路符号

表 2-20　与或非门的真值表

A　B　C　D	AB	CD	AB + CD	$\overline{AB + CD}$
0 0 0 0	0	0	0	1
0 0 0 1	0	0	0	1
0 0 1 0	0	0	0	1
0 0 1 1	0	1	1	0
0 1 0 0	0	0	0	1
0 1 0 1	0	0	0	1
0 1 1 0	0	0	0	1
0 1 1 1	0	1	1	0
1 0 0 0	0	0	0	1
1 0 0 1	0	0	0	1
1 0 1 0	0	0	0	1
1 0 1 1	0	1	1	0
1 1 0 0	1	0	1	0
1 1 0 1	1	0	1	0
1 1 1 0	1	0	1	0
1 1 1 1	1	1	1	0

四、组合逻辑电路

根据逻辑功能的不同特点，将数字电路分成两大类，一类叫组合逻辑电路，另一类叫时序逻辑电路。

（一）组合逻辑电路

组合逻辑电路是由基本逻辑门和复合逻辑门电路组合而成的，组合逻辑电路的特点是不具有记忆功能，电路某一时刻的输出直接由该时刻电路的输入状态所决定，与输入信号作用前的电路状态无关。

（二）组合逻辑电路的分析方法

1. 组合逻辑电路的分析

组合逻辑电路的分析，指的是根据已知的逻辑图，分析确定或验证电路的逻辑功能。

2. 分析目的

搞清楚输出与输入信号的逻辑关系。

3. 分析步骤

1）从输入到输出逐级写出表达式。

2）化简或变换逻辑表达式。

3）列出真值表。

4）根据逻辑表达式或真值表确定逻辑功能。

分析步骤如图 2-27 所示。

【例 1】 组合逻辑电路如图 2-28 所示，分析该电路的逻辑功能。

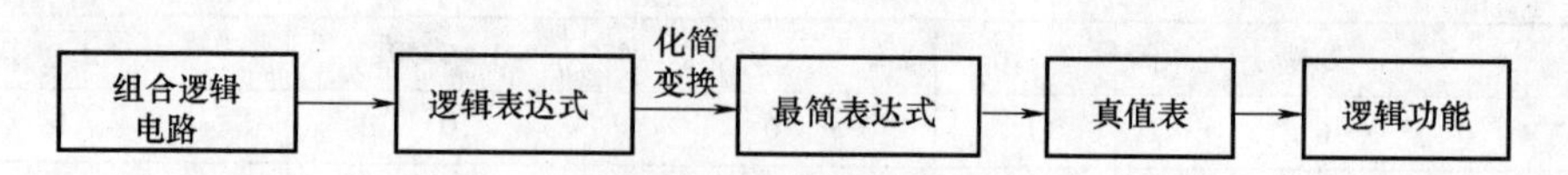

图 2-27 组合逻辑电路的分析步骤

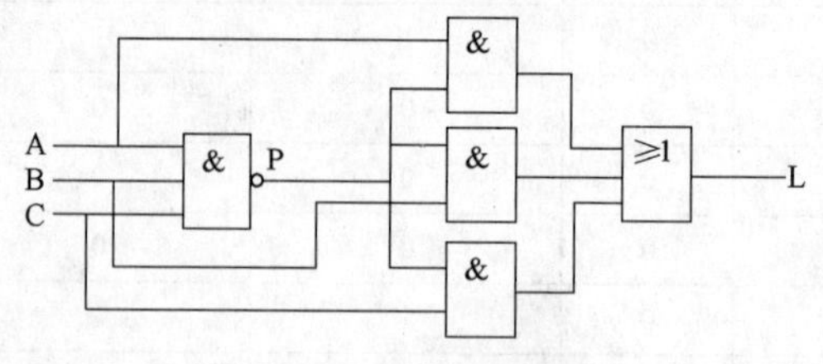

图 2-28 组合逻辑电路

解：（1）由图 2-28 逐级写出逻辑表达式

$$P = \overline{ABC}$$

$$L = AP + BP + CP$$

$$= A\,\overline{ABC} + B\,\overline{ABC} + C\,\overline{ABC}$$

（2）化简与变换

$$L = \overline{ABC}'(A + B + C) = \overline{ABC + \overline{A + B + C}} = \overline{ABC + \bar{A}\,\bar{B}\,\bar{C}}$$

（3）由表达式列出真值表

A　B　C	L
0　0　0	0
0　0　1	1
0　1　0	1
0　1　1	1
1　0　0	1
1　0　1	0
1　1　0	1
1　1　1	0

（4）分析逻辑功能

当 A、B、C 三个变量不一致时，电路输出为“1”，所以这个电路称为“不一致电路”。

（三）组合逻辑电路的设计方法

设计过程的基本步骤如图 2-29 所示。

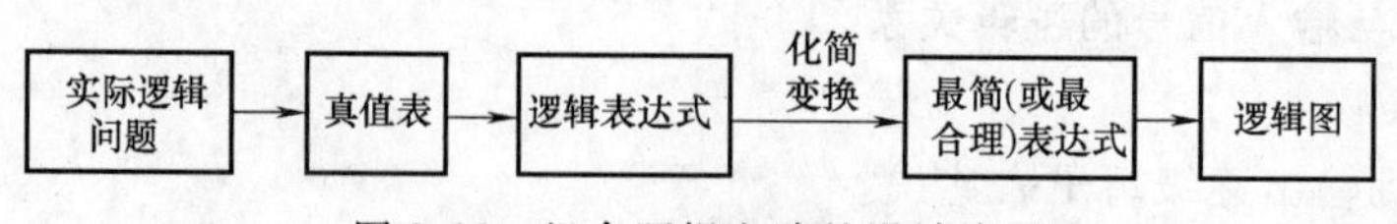

图 2-29 组合逻辑电路的设计步骤

五、时序逻辑电路

时序逻辑电路是由最基本的逻辑门电路加上反馈逻辑回路（输出到输入）或器件组合而成的电路，与组合逻辑电路最本质的区别在于时序逻辑电路具有记忆功能。时序逻辑电路的特点是输出不仅取决于当时的输入值，而且还与电路过去的状态有关。

时序逻辑电路是由组合逻辑电路和存储电路两部分组成的。时序逻辑电路的框图如图2-30所示。

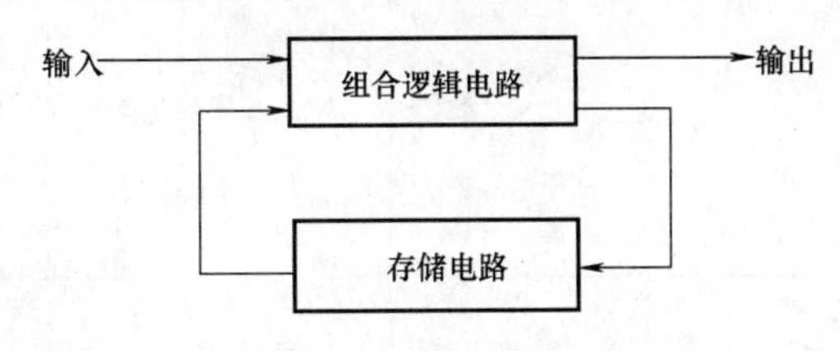

图 2-30　时序逻辑电路的框图

时序逻辑电路按状态转换情况可分为同步时序电路和异步时序电路两大类。同步时序电路中，各个触发器的时钟脉冲相同，即电路中有一个统一的时钟脉冲，每来一个时钟脉冲，电路的状态只改变一次。异步时序电路中，各个触发器的时钟脉冲不同，即电路中没有统一的时钟脉冲来控制电路状态的变化，电路状态改变时，电路中要更新状态的触发器的翻转有先有后，是异步进行的。

时序逻辑电路是数字系统中非常重要的一类逻辑电路，常见的时序逻辑电路有计数器、寄存器和序号发生器等。

六、触发器

要实现数字电路的记忆功能就需要触发器，触发器是构成时序逻辑电路的基本单元电路。

触发器的分类，按逻辑功能可分为RS触发器、D触发器、JK触发器、T触发器和T′触发器；按结构特点可分为基本触发器、同步触发器、主从触发器、边沿触发器。

触发器逻辑功能一览表见表2-21。

表 2-21　触发器逻辑功能一览表

名称	基本RS触发器	同步RS触发器	上升沿D触发器	负边沿JK触发器	主从T触发器
逻辑符号	Q　$\overline{Q}$ S　R $\overline{S}$　$\overline{R}$	Q　$\overline{Q}$ 1S　C1　1R S　CP　R	Q　$\overline{Q}$ S　1D　C1　R $\overline{S_D}$　D　CP　$\overline{R_D}$	Q　$\overline{Q}$ S1　J　C1　1K　R $\overline{S_D}$　J　CP　K　$\overline{R_D}$	Q　$\overline{Q}$ 1T　C1 T　CP
状态真值表	$\overline{R_D}$　$\overline{S_D}$　Q^{n+1} 0　0　× 0　1　0 1　0　1 1　1　Q^n	R　S　Q^{n+1} 0　0　Q^n 0　1　1 1　0　0 1　1　×	D　Q^{n+1} 0　0 1　1	J　K　Q^{n+1} 0　0　Q^n 0　1　0 1　0　1 1　1　$\overline{Q^n}$	T　Q^{n+1} 0　Q^n 1　$\overline{Q^n}$
特征方程	$Q^{n+1}=\overline{\overline{S_D}}+\overline{R_D}Q^n$ $\overline{R_D}+\overline{S_D}=1$	$Q^{n+1}=S+\overline{R}Q^n$ $R\cdot S=0$	$Q^{n+1}=D$	$Q^{n+1}=J\overline{Q^n}+\overline{K}Q^n$	$Q^{n+1}=T\overline{Q^n}+\overline{T}Q^n$

（续）

名称	基本 RS 触发器	同步 RS 触发器	上升沿 D 触发器	负边沿 JK 触发器	主从 T 触发器
状态图	$\overline{S}_D=1$，$\overline{R}_D\overline{S}_D=1$，$\overline{R}_D=1$，$\overline{R}_D\overline{S}_D=1$（0 ⇄ 1）	S=0，$\overline{R}S=1$，R=0，$\overline{R}S=1$（0 ⇄ 1）	D=0，D=1，D=1，D=0（0 ⇄ 1）	J=0，J=1，K=0，K=1（0 ⇄ 1）	T=0，T=1，T=0，T=1（0 ⇄ 1）
触发方式	直接触发、低电平有效	电平触发 CP 高电平接收	CP 上升沿触发	CP 下降沿触发	CP 下降沿触发
应用	无触点开关、单脉冲发生器、寄存器	寄存器	计数器、寄存器、位移寄存器	计数器、寄存器、位移寄存器	计数器、寄存器

※动手实践※

一、光线感应报警器的组装

根据给出的光线感应报警器电路图，将选择的元器件准确地焊接在产品的印制电路板上。

要求：在印制电路板上所焊接的元器件的焊点大小适中、光滑、圆润、干净、无毛刺；无漏、假、虚、连焊，引脚加工尺寸及成型符合工艺要求；导线长度、剥线头长度符合工艺要求，芯线完好，捻线头镀锡。

光线感应报警器电路的 PCB 图和电路图，如图 2-31 所示。

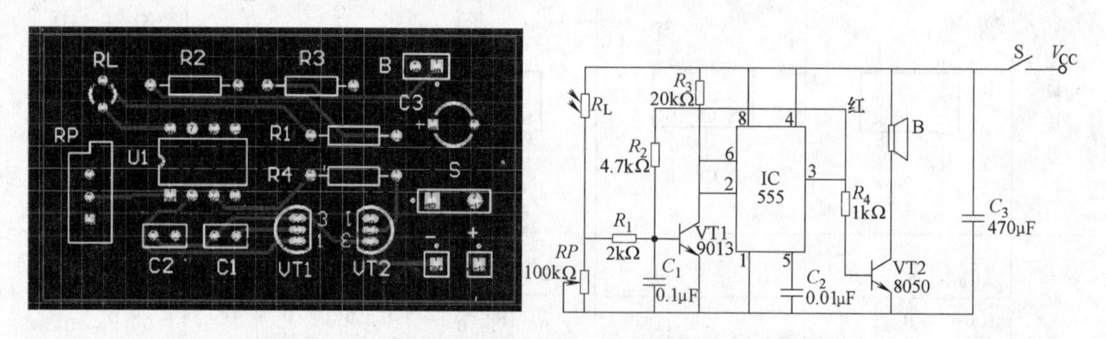

图 2-31　光线感应报警器电路的 PCB 图和电路图

（一）光线感应报警器电路工作原理

光控电路由光敏电阻器 R_L、电位器 RP 等元件组成。555 时基电路接成施密特触发器，它与晶体管 VT1、VT2 等组成具有自保功能的电子开关。B 为自带“呜—呜—”火警变调音源的报警扬声器。

光敏电阻器 R_L 与电位器 RP 构成分压器，平时隐藏在抽屉或文件柜里的光敏电阻器 R_L 因无光照射成高电阻，所以分压点即电阻 R_1 左端为低点平，晶体管 VT1 截止，其集电极输出高电平，即555时基电路阈值端（第6脚）为高电平，555复位，第3脚输出低电平，VT2截止，报警扬声器B无声。若有人非法打开抽屉或文件柜，R_L由于受光照而电阻值变低，分压点电位升高，VT1导通，这就使555的触发端（第2脚）跳变为低电平，555迅速置位，3脚输出高电平，VT2导通，报警扬声器B得电工作，从而发出响亮的报警声，同时555第3脚输出的高电平又通过电阻R_2反馈到VT1的基极，使VT1自锁导通，此时即使盗贼马上关上抽屉或柜门，虽然R_L无光照射，但报警声响仍不会终止，只有当保安人员打开S切断报警器电源后，报警声响才会停止。

电位器*RP*用来调整电路光控起控点的阈值，调*RP*可以获得适当的光控灵敏度。

（二）光线感应报警器安装步骤

光线感应报警器的安装步骤见表2-22。

表2-22　光线感应报警器安装步骤

安装步骤	安装元件	安装规范及注意事项
第一步	电阻R_1、R_2、R_3、R_4	卧式摆放，平铺在焊板上
第二步	八脚IC插座	卧式摆放，平铺在焊板上，注意缺口方向
第三步	独石电容C_1，C_2	立式安装，距焊板高度为3mm
第四步	晶体管VT1，VT2	晶体管立式安装，距焊板高度为3mm，两个晶体管高度要一致。注意电极之间不要短路
第五步	光敏电阻器R_L	立式安装，距焊板高度为3~5mm
第六步	电位器*RP*	立式安装，紧贴焊板放置
第七步	电解电容C_3	立式安装，距焊板高度为3mm，注意正、负极
第八步	船型开关S	用外接导线接入
第九步	有源报警扬声器B	注意正、负极不要接错
第十步	NE555	将NE555安装在八脚IC插座上，注意缺口方向一致
第十一步	电池盒	将电池盒接于电路中，注意极性

（三）评价标准

1. 焊接工艺评价标准

焊接工艺按下面标准分级评价，见表2-23。

表2-23　焊接工艺评价标准

评价等级	评价标准
A级	所焊接的元器件的焊点适中，无漏、假、虚、连焊，焊点光滑、圆润、干净、无毛刺，焊点基本一致，引脚加工尺寸及成型符合工艺要求；导线长度、剥线头长度符合工艺要求，芯线完好，捻线头镀锡
B级	所焊接的元器件的焊点适中，无漏、假、虚、连焊，但个别（2~4个）元器件有下面现象：有毛刺、不光亮，或导线长度、剥线头长度不符合工艺要求，捻线头无镀锡
C级	4~6个元器件有漏、假、虚、连焊，或有毛刺、不光亮，或导线长度、剥线头长度不符合工艺要求，捻线头无镀锡
D级	有严重（超过6个元器件以上）漏、假、虚、连焊，或有毛刺、不光亮，导线长度、剥线头长度不符合工艺要求，捻线头无镀锡

2. 光线感应报警器装配评价标准

根据给出的光线感应报警器电路图，把选取的电子元器件及功能部件正确地装配在产品的印制电路板上。

要求：元器件焊接安装无错漏，元器件、导线安装及元器件上字符标示方向均应符合工艺要求；电路板上插件位置正确；电路板和元器件无烫伤和划伤处，整机清洁无污物。

电子产品电路装配可按下面标准分级评价，见表 2-24。

表 2-24 电子产品电路装配评价标准

评价等级	评价标准
A 级	能实现电路功能，焊接安装无错漏，电路板插件位置正确，元器件极性正确，安装可靠牢固，电路板安装对位；整机清洁无污物
B 级	能实现电路功能，元器件均已焊接在电路板上，元器件、导线安装及字标方向未符合工艺要求（2 处以内）；或 2 处以内出现烫伤和划伤处，有污物
C 级	元器件均已焊接在电路板上，但出现错误的焊接安装（3～4 个）元器件或元器件极性不正确；或元器件、导线安装及字标方向未符合工艺要求；或有烫伤和划伤（3～4 处），有污物
D 级	有缺少元器件现象；4 个以上元器件位置不正确或元器件极性不正确、元器件导线安装及字标方向未符合工艺要求；或 3 处以上出现烫伤和划伤处，有污物

二、光线感应报警器的检测

（一）检测步骤

1. 检测电路中是否有短路现象——□是 □否
2. 检测晶体管的三个电极是否接错——□是 □否
3. 检测电容极性是否接反——□是 □否
4. 检测有源报警扬声器是否接反——□是 □否
5. 检测八脚 IC 插座、NE555 是否接反，方向是否一致——□是 □否

（二）检测点

1. 测量电源电压________V。
2. 测量晶体管 VT1 基极电压__________、集电极电压________、发射极电压________。
3. 测量晶体管 VT2 基极电压__________、集电极电压________、发射极电压________。
4. 测量 NE555 的 1 脚__________、8 脚__________。

（三）电路检测评价标准

电路检测评价标准见表 2-25。

表 2-25 电路检测评价标准

评价等级	评价标准
A 级	能准确使用万用表量程测量各极电压，电路效果好
B 级	能测量晶体管各极电压，电路达到效果
C 级	经修改电路能达到效果
D 级	虽进行修复，但电路没有达到效果

三、光线感应报警器的调试

1. 接通电源，在光线较暗处将光线感应报警器开关打开；或用手捂住光敏电阻，再打开光线感应报警器的开关。

2. 将光线感应报警器移至光线较亮处，或放开光敏电阻。

1）光线感应报警器见光后发出报警声音，正常，制作成功。

2）光线感应报警器见光后无报警声音，用一字螺钉旋具调整电位器，改变电位器阻值，光线感应报警器发出报警声音。

3. 关闭光线感应报警器开关，报警器停止报警。

※思考与练习※

1. 反馈电路由几部分组成？各部分的作用是什么？

2. 反馈有几种类型？

3. 找出图 2-32 中的反馈元件，判断反馈类型和极性。

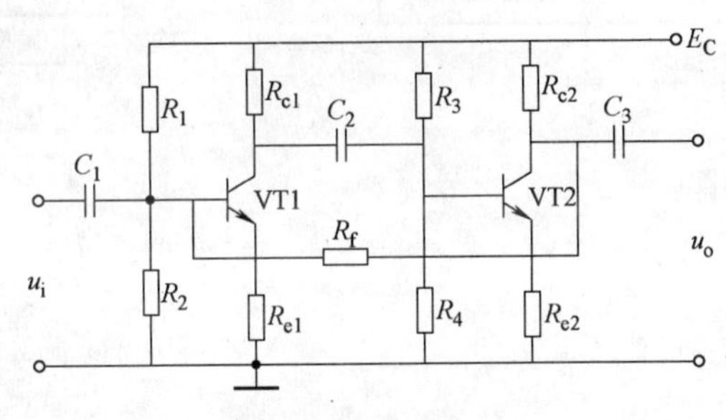

图 2-32　反馈电路

4. 完成下面的数制转换

（1）$(100011110)_2 = \underline{\qquad\qquad}_8 = \underline{\qquad\qquad}_{16}$

（2）$(56)_8 = \underline{\qquad\qquad}_2 = \underline{\qquad\qquad}_{10}$

（3）$(3BD)_{16} = \underline{\qquad\qquad}_2 = \underline{\qquad\qquad}_{10} = \underline{\qquad\qquad}_8$

5. 画出基本门电路的符号，并列出真值表。

6. 设计一个三人表决逻辑电路（图 2-33），要求：三人 A、B、C 各控制一个按键，按下为“1”，不按为“0”。多数（≥2）按下为通过。通过时 F = 1，不通过时 F = 0。用与非门实现。

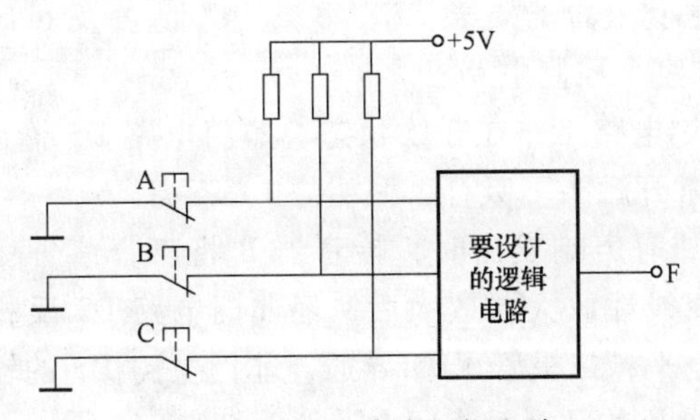

图 2-33　三人表决逻辑电路

※项目扩展※

声、光、触摸控制延时照明灯电路的制作

一、电路图及框图

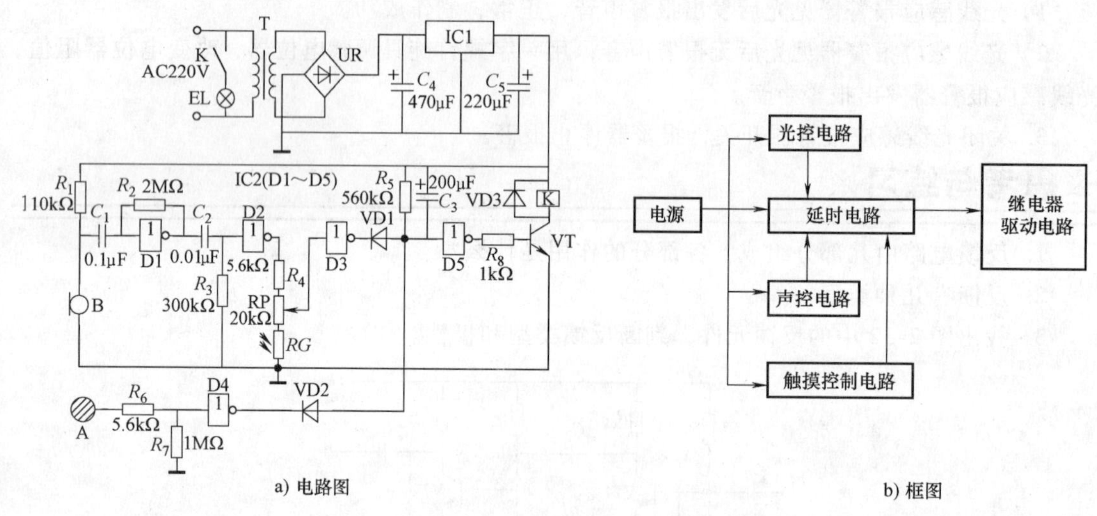

图 2-34　声、光、触摸控制延时照明灯电路

二、工作原理

图 2-34 中的声、光、触摸控制延时照明灯电路由电源电路、声控电路、光控电路、触摸控制电路、延时电路、继电器驱动电路等组成。

电路中，电源电路由电源变压器 T、整流桥堆 UR、三端集成稳压器 IC1 及滤波电容器 C_4、C_5 等组成。照明灯 EL 与继电器的常开触头 K 串联后，并接在电源变压器的一次绕组两端；声控电路由拾音器 B、数字集成电路 IC2 内部的非门电路 D1、D2 及电阻器 R_1 ~ R_4、电容器 C_1、C_2 等组成；光控电路由光敏电阻器 RG、电位器 RP、电阻器 R_4、IC2 内部的非门电路 D3、二极管 VD1 等组成；触摸控制电路由电极片 A、电阻器 R_6、R_7、集成电路 IC2 内部的非门电路 D4、二极管 VD2 等组成；延时电路由电阻器 R_5、电容器 C_3、IC2 内部的非门电路 D5 等组成；继电器驱动电路由继电器 K、二极管 VD3、晶体管 VT 及电阻器 R_8 等组成。交流 220V 电压经电源变压器 T 减压、UR 整流、C_4 滤波及 IC1 稳压后，在 C_5 两端产生 +5V 电压，供给继电器和整个控制电路。

接通电源后，整个控制电路工作在守候状态，非门电路 D5 输出低电平（0V），使晶体管 VT 截止，继电器 K 的常开触头不吸合，照明灯 EL 不亮。

当有人走近该自动灯或有声响发出时，拾音器 B 将声音信号变换成电信号，此电信号经非门电路 D1 构成的交流线性放大器放大后，经非门电路 D2 反相后输出高电平，使非门电路 D3 的输出端变为低电平，二极管 VD1 导通，非门电路 D5 的输出端变为高电平，使晶体管 VT 饱和导通，继电器 K 的常开触头闭合，照明灯 EL 发光。

在白天，即使有人的脚步声或其他声响，也不会有高电平加入非门电路 D3 的输入端，

因为光敏电阻器 *RG* 受光照而阻值变小，非门电路 D3 的输入端始终为低电平，输出端也保持高电平，二极管 VD1 和晶体管 VT 均处于截止状态，照明灯 EL 不亮。

夜晚，光敏电阻器 *RG* 因无光照射而阻值变大，此时若拾音器 B 拾取到声音信号，则会有高电平加至非门电路 D3 的输入端，使二极管 VD3 和晶体管 VT 导通，继电器的常开触头闭合，照明灯 EL 点亮。

不管白天和夜间，只要用手触摸电极片 A 后，人体感应信号将使非门电路 D4 的输入端变为高电平，其输出端变为低电平，又使二极管 VD2 导通，非门电路 D5 的输入端变为低电平，输出端变为高电平，晶体管 VT 饱和导通，继电器 K 通电吸合，照明灯 EL 点亮。

在二极管 VD1 或 VD2 导通瞬间，电容器 C_3 通过 VD1 或 VD2 被迅速充电，非门电路 D5 的输入端立即变为低电平。当非门电路 D3 或 D4 的输出端由低电平变为高电平（随后又同时变为低电平）使 VD1 或 VD2 截止时，电容器 C_3 通过电阻器 R_5 缓慢放电，使非门电路 D5 的输入端仍维持一点时间的低电平，照明灯 EL 不会马上熄灭，直到 C_3 放电结束，D5 输入端变为高电平，输出端变为低电平，晶体管 VT 截止，继电器 K 释放，照明灯 EL 才熄灭。

在白天，调节电位器 *RP* 的电阻值，使非门电路 D3 输入端电压低于 Vcc/3（1.65V）以下，使其驱动端保持高电平，同时，还可以调节光控的灵敏度。

R_5、C_3 为时间常数元件，改变 R_3 的电阻值和 C_3 的电容量，可改变灯亮至灯灭的延时时间。电阻值、电容量越大，延时时间越长。调节 R_2 的电阻值，可以调节声控的灵敏度。

三、元器件清单列表

声、光、触摸控制延时照明灯电路元器件清单列表见表 2-26。

表 2-26　声、光、触摸控制延时照明灯电路元器件清单列表

序号	符号	名称	规格	数量
1	R_1	电阻	10kΩ	1
2	R_2	电阻	2MΩ	1
3	R_3	电阻	300kΩ	1
4	R_4、R_6	电阻	5.6kΩ	2
5	R_5	电阻	560kΩ	1
6	R_7	电阻	1MΩ	1
7	R_8	电阻	10kΩ	1
8	*RG*	光敏电阻		1
9	*RP*	电位器	20kΩ	1
10	C_1	涤纶电容	0.1μF	1
11	C_2	涤纶电容	0.01μF /16V	1
12	C_3	电解电容	200μF/16V	1
13	C_4	电解电容	470μF/16V	1
14	C_5	电解电容	220μF/16V	1
15	T	电源变压器	10VA、二次电压为 6V 的减压变压器	1
16	UR	整流桥堆	2A、50V	1

（续）

序号	符号	名称	规格	数量
17	IC1	三端集成稳压器	LM7805	1
18	EL	照明灯		1
19	K	继电器	4098 型 5V 直流继电器	1
20	B	拾音器		1
21	IC2	数字集成电路	CD4069	1
22	VD1、VD2、VD3	二极管	1N4148	3
23	VT	晶体管	9013	1

项目三 固定输出直流稳压电源的制作

※项目描述※

楼宇智能建筑是利用系统集成的方法，将智能计算机技术、通信技术、信息技术与建筑艺术有机结合，通过对设备的自动监控，对信息资源的管理和对使用者的信息服务及其与建筑物优化组合，所获得的投资合理、适合信息社会需要并且具有安全、高效、舒适、便利和灵活特点的建筑物。在楼宇智能建筑中应用直流稳压电源的设备很多，本项目主要是利用变压器、整流二极管、瓷片电容、电解电容、W78××系列（W79××系列）三端固定集成稳压电路、电阻等元器件，制作一个固定输出的直流稳压电源。

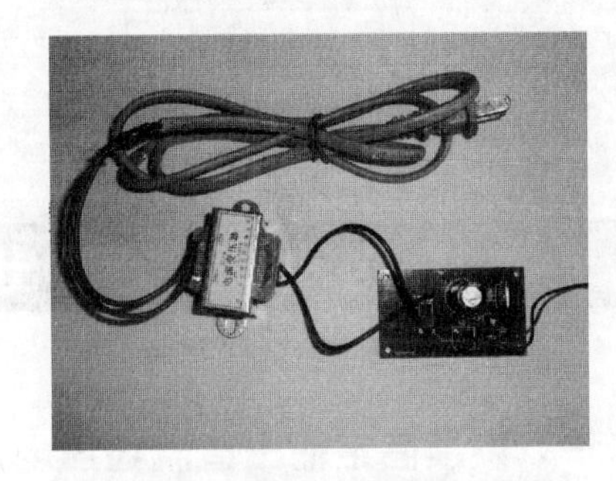

图 3-1　固定输出的直流稳压电源实物图

固定输出的直流稳压电源实物图如图 3-1 所示。

※项目目标※

知识目标：

1. 认识变压器、W78××系列（W79××系列）三端固定集成稳压电路等电子设备中常用元器件。
2. 了解变压器、三端固定集成稳压电路等元器件的性能参数。
3. 了解示波器的使用方法。
4. 了解直流稳压电源的工作原理。

能力目标：

1. 能够用万用表对变压器、三端固定集成稳压电路等元器件进行检测。
2. 能利用示波器对稳压电源的输出波形进行测量。
3. 能够正确识读固定输出直流稳压电源电路图。
4. 能够根据装配图正确组装固定输出直流稳压电源。
5. 会对电路故障进行排查。
6. 会查阅参数手册。

素养目标：

通过规范操作，养成良好的职业习惯。

※项目分析※

本项目在制作过程中通过三个任务，循序渐进地让学生了解固定输出直流稳压电源的工作原理，通过识读电路图了解固定输出直流稳压电源的电路原理，认识元器件并且学会检测方法，最终实现让学生掌握直流稳压电源的制作方法和故障排查方法。固定输出直流稳压电源制作流程如图 3-2 所示。

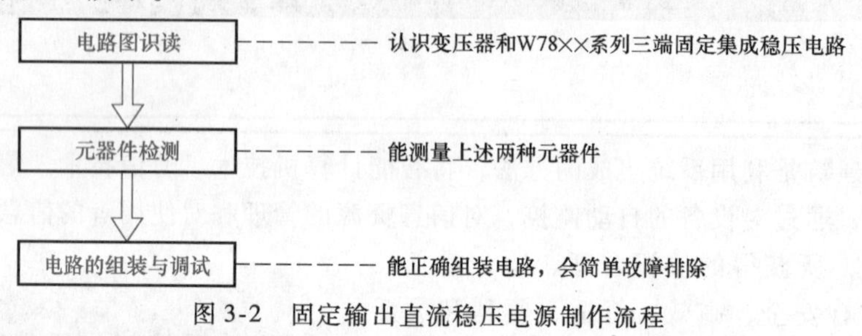

图 3-2 固定输出直流稳压电源制作流程

任务一 固定输出直流稳压电源电路图的识读

一、识读固定输出直流稳压电源电路图

固定输出直流稳压电源电路图如图 3-3 所示。

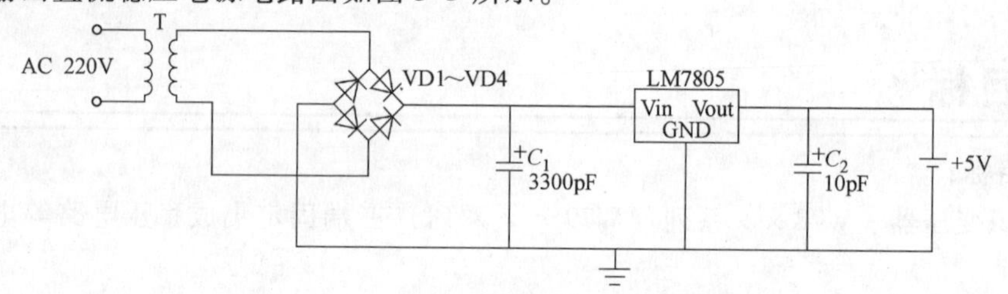

图 3-3 固定输出直流稳压电源电路图

固定输出直流稳压电源电路接入 220V 交流电后，输出 5V 直流电压。

二、认识固定输出直流稳压电源电路中的元器件

（一）认识变压器

变压器是根据电磁感应原理制成的，它的主要作用是传输交流信号、变换电压、变换交流阻抗、进行直流隔离、传输电能等。常见变压器如图 3-4 所示。

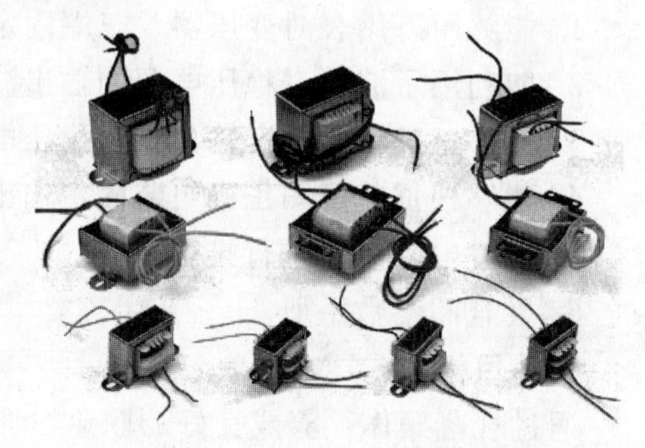

图 3-4 常见变压器

变压器在电路中用字母“T”表示，其图形符号如图 3-5 所示。

（二）认识整流二极管和稳压二极管

1. 认识整流二极管

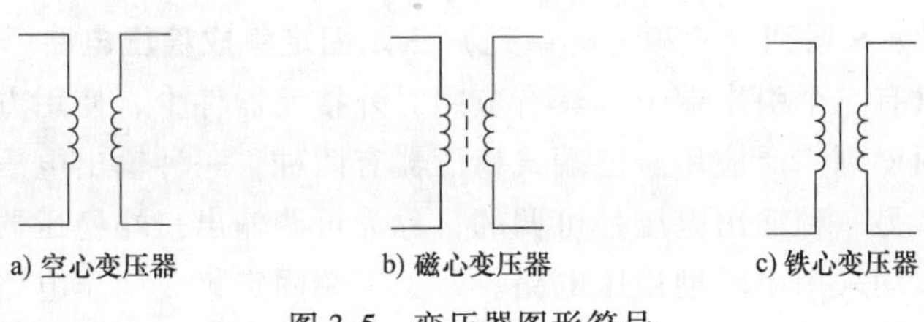

图 3-5 变压器图形符号

整流二极管是利用 PN 结的单向导电性，把交流电变成脉动直流电。整流二极管可用半导体锗或硅等材料制造。硅整流二极管的击穿电压高，反向漏电流小，高温性能良好。通常高压大功率整流二极管都用高纯单晶硅制造。这种器件的结面积较大，能通过较大电流(可达上千安)，但工作频率不高，一般在几十千赫以下。整流二极管主要用于各种低频半波整流电路，如需达到全波整流需连成整流桥使用。常见的整流二极管实物和符号如图 3-6 所示。

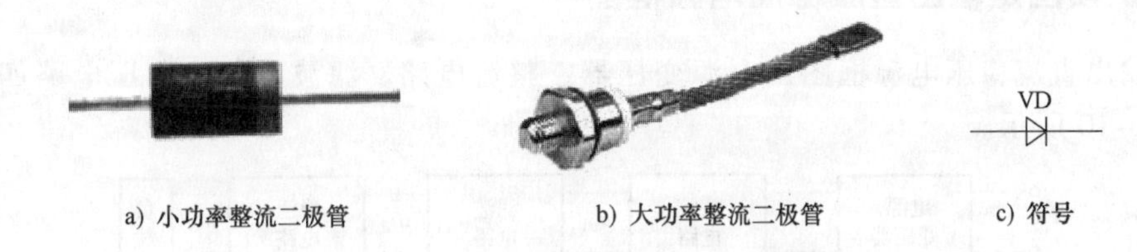

图 3-6 常见的整流二极管实物和符号

整流桥就是将整流二极管封在一个壳内了。分全桥和半桥，全桥是将连接好的桥式整流电路的四个二极管封在一起，半桥是将两个二极管桥式整流的一半封在一起，用两个半桥可组成一个桥式整流电路。常见的整流桥实物如图 3-7 所示。

图 3-7 常见的整流桥实物

2. 认识稳压二极管

稳压二极管又称齐纳二极管，是电子电路中常用的一种二极管，是一种用于稳定电压，而工作在反向击穿状态下的二极管。根据二极管反向击穿特性进行稳压，即稳压二极管反向击穿后，其两端电压保持不变。常见的稳压二极管实物和符号如图 3-8 所示。

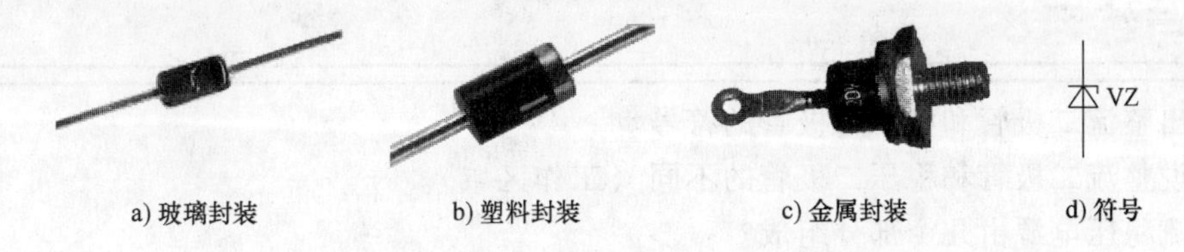

图 3-8 常见的稳压二极管实物和符号

（三）认识 W78××系列（W79××系列）三端固定集成稳压电路

三端式稳压器只有三个引出端子，具有应用时外接元器件少、使用方便、性能稳定、价格低廉等优点，因而得到广泛应用。三端式稳压器有两种，一种输出电压是固定的，称为固定输出三端稳压器；另一种输出电压是可调的，称为可调输出三端稳压器。它们的基本组成及工作原理都相同，均采用串联型稳压电路。常见三端固定集成稳压电路如图 3-9 所示。

图 3-9　常见三端固定集成稳压电路

三、识读固定输出直流稳压电源框图

固定输出直流稳压电源框图由电源变压器、整流电路、滤波电路、稳压电路四部分组成，如图 3-10 所示。

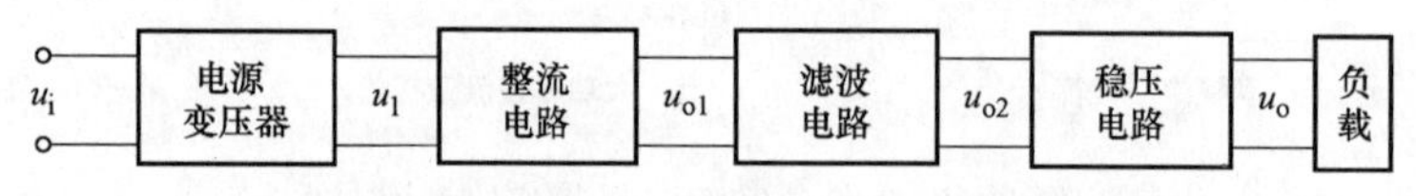

图 3-10　固定输出直流稳压电源框图

四、固定输出直流稳压电源的框图与电路图对应关系

固定输出直流稳压电源的框图与电路图对应关系如图 3-11 所示。

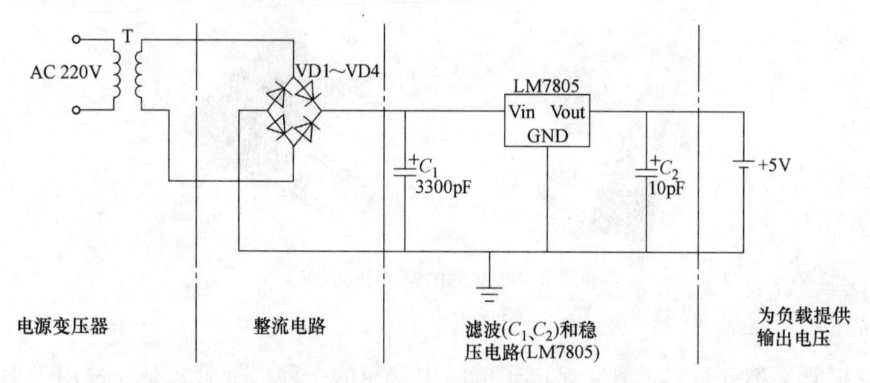

图 3-11　固定输出直流稳压电源的框图与电路图对应关系

※思考与练习※

1. 画出整流二极管和稳压二极管的符号。
2. 说说整流二极管和稳压二极管的不同（工作区域）。
3. 直流稳压电源由几个部分组成？
4. 利用书籍或网络查询 W78××系列和 W79××系列的不同。

任务二　固定输出直流稳压电源元器件的检测

※知识准备※

一、变压器的分类及检测方法

（一）变压器的分类

变压器的种类很多，可以分为高频变压器、中频变压器、低频变压器。天线线圈、振荡线圈为高频变压器。收音机的中放电路所用的变压器、电视机的中频放大电路所用的变压器，都为中频变压器。电源变压器、推动变压器、线间变压器、输入变压器、输出变压器等都为低频变压器。常用的变压器及其用途见表3-1。

表3-1　常用变压器及其用途

常用变压器名称	实物图	用　途
电源变压器		电源变压器主要作用是减压，将220V的交流电压降至所需的电压值。有些电子设备需要将220V电压升高到所需要的电压值，为此电源变压器为各种电子设备提供了各种类型的电源
中频变压器（俗称中周）		中频变压器是超外差收音机和电视机的中频放大器中的重要元件。对收音机的灵敏度、选择性，电视机的图像清晰度等整机技术指标都有很大影响。中频变压器有单调谐式和双调谐式两种。单调谐式只有一个谐振回路，而双调谐式具有两个谐振回路。单调谐电路简单，但选择性差，而双调谐电路的选择性较好
天线线圈		天线线圈根据磁棒的形状不同可分为圆形磁棒和扁形磁棒。两种磁棒在相同长度和相同截面积的情况下，其效果是相同的。磁棒是用锰锌铁氧体（黑色，用MX表示）和镍锌铁氧体（棕色，用NX表示）的材料做成的。其锰锌铁氧体磁棒只能用于接收中波段信号，镍锌铁氧体磁棒适合接收短波段信号，两种磁棒不能互相代用。有的收音机只用了一根磁棒，能接收中、短波信号，是因为这根磁棒是用中波磁棒与短波磁棒对接而成的磁棒
行输出变压器		行输出变压器的特点是体积小、重量轻、可靠性高、输出的直流高压稳定。行输出变压器广泛地应用于目前生产的各种电视机和显示器中

(二) 变压器的检测方法

变压器出现的故障有短路、断路、绝缘不良引起的漏电噪声等。当变压器出现故障时，应及时检查更换，尤其是电源变压器，出现焦糊味、冒烟、输出电压降低很多且温升很快时，应切断电源，找出故障所在。

1. 检测一、二次绕组的通断

变压器检测如图 3-12 所示。

将万用表置于 $R\times1$ 档，将两支表笔分别碰接一次绕组的两个引出线。阻值一般为几十到几百欧，若指针不摆动，出现无穷，则为断路；若测得结果为零，则为短路。用同样的方法测二次绕组的阻值，一般为几到几十欧（降低变压器）。如果二次绕组有多个，则输出标称电压值越小，其阻值越小。

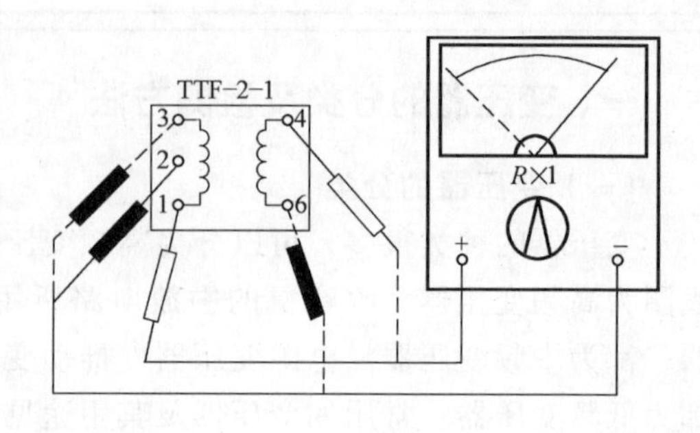

图 3-12 变压器检测

线圈断路时，无电压输出。断路的原因有外部引线断线、引线与焊片脱焊、受潮后内部霉断等。

2. 检测各绕组间、绕组与铁心间的绝缘电阻

将万用表置于 $R\times10\text{k}$ 档，将一支表笔接一次绕组的一个引出线，另一支表笔分别接二次绕组的一个引出线，另一个表笔分别接二次绕组的引出线，万用表所示阻值应为正无穷；若小于此值，则表明绝缘性能不良，尤其是阻值小于几百殴时表明绕组间有短路故障。

用上述方法再继续检测绕组与铁心之间的绝缘电阻（一支表笔接铁心，另一支表笔接各绕组引出线）。

二、整流二极管和稳压二极管的特性及检测方法

(一) 整流二极管的特性

1. 整流二极管的特性

整流二极管通常是面接触型二极管，可以通过较大的电流。整流二极管的性能特点是最大正向电流较大，可以承受较高的反向电压，但工作频率较低。

整流二极管主要用于电源整流，也可以作限幅、钳位和保护电路。

2. 整流桥

整流桥是一种整流二极管的组合器件，分为全桥和半桥两类。

全桥是由 4 只整流二极管按桥式全波整流电路的形式连接为一体的，如图 3-13 所示。

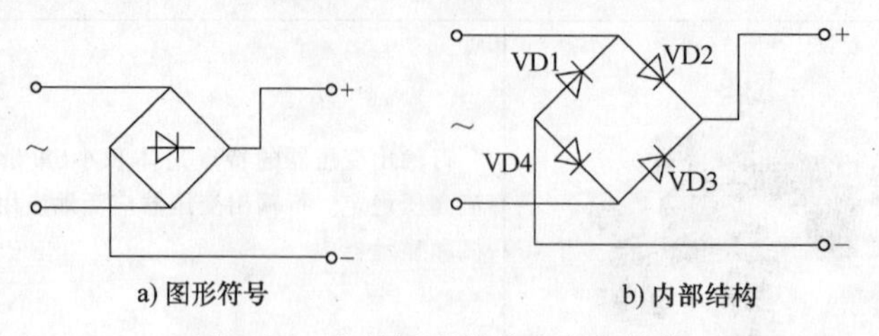

图 3-13 全桥图形符号和内部结构

全桥的正向电流有0.5A、1A、1.5A、2A、2.5A、3A、5A、10A、20A、35A、50A等多种规格。耐压值（最高反向电压）有25V、50V、100V、200V、300V、400V、500V、600V、800V、1000V等多种规格。

（二）整流二极管的检测方法

整流二极管的整流电流一般都比检波二极管的工作电流大，所以可以用 $R\times1$ 档或 $R\times10k$ 档进行检测，也可以用 $R\times1k$ 档或 $R\times100$ 档进行检测，但应注意的是用不同量程所测的阻值是完全不一样的。

1. 判断整流二极管的好坏

将万用表置于 $R\times100$ 档，测量二极管的正、反向电阻值，如图3-14所示。其方法是：将表笔任意接二极管的正、负极，先读出一个阻值，然后交换表笔再测一次，又测得一个电阻值，其中阻值小的一次为正向电阻，阻值大的一次为反向电阻，对于正常的锗材料的二极管，正向电阻应为几百到几千欧，反向电阻应为几百千欧以上。对于硅材料的二极管正向电阻应为几千欧，反向电阻接近无穷大。总之，不论何种材料的二极管，正、反向电阻相差越多，表明二极管性能越好，如果正、反向电阻相差不大，此二极管不宜选用。如果测得的正向电阻太大，也表明二极管性能变差；若正向电阻为无穷大，表明二极管已经开路。若测得反向电阻很小，甚至为零，说明二极管已经击穿。

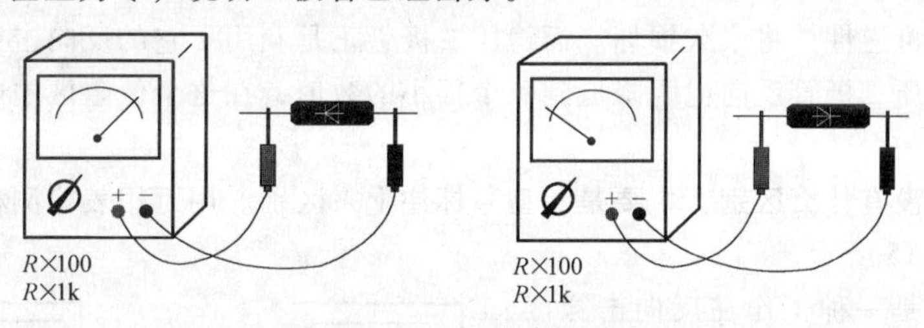

图3-14　整流二极管的检测

用 $R\times1k$ 档检测，测得的正向阻值一般为几千欧到十几千欧，其反向阻值应为无穷大。如果反向阻值为零，表明二极管已被击穿。

2. 判断二极管的正、负极

将万用表置于 $R\times1k$ 档或 $R\times100$ 档，测二极管的电阻值，如果测的阻值较小，表明是正向电阻，此时黑表笔所接触的一端为二极管的正极，红表笔所接触的另一端为负极。所测得的阻值很大，则表明为反向电阻值，此时红表笔所接触的一端为正极，另一端为负极。

3. 整流全桥的检测方法

大多数的整流全桥上均标注有“+”“-”“~”符号（其中“+”为整流后输出电压的正极，“-”为输出电压的负极，两个“~”为交流电压输入端），很容易确定出各电极。

检测时，可通过分别测量“+”极与两个“~”极、“-”极与两个“~”之间各整流二极管的正、反向电阻值（与普通二极管的测量方法相同）是否正常，即可判断该全桥是否损坏。若测得全桥内某只二极管的正、反向电阻值均为零或均为无穷大，则可判断该二极管已击穿或开路损坏。

（三）稳压二极管的特点、分类及选择

1. 稳压二极管的特点

稳压二极管的特点就是击穿后，其两端的电压基本保持不变。这样，当把稳压二极管接入电路以后，若由于电源电压发生波动，或其他原因造成电路中各点电压变动时，负载两端的电压将基本保持不变。

2. 稳压二极管的分类

稳压二极管从其本身消耗的功率大小分有小功率稳压二极管（1W 以下）和大功率稳压二极管。

根据内部结构分有普通稳压二极管和温度互补型稳压管。温度互补型稳压管在工作时，一个反向击穿，一个正向导通，其管压温度的变化特性正好相反，所以二者能起到互补的作用。

稳压二极管一般采用硅材料制成，其热稳定性比锗材料的稳压二极管好得多。

3. 选择稳压二极管的基本原则

1）要求导通电压低时选锗管；要求反向电流小时选硅管。

2）要求导通电流大时选面接触型；要求工作频率高时选点接触型。

3）要求反向击穿电压高时选硅管。

4）要求耐高温时选硅管。

（四）稳压二极管的检测方法

稳压二极管与普通二极管从特性上是有区别的，普通二极管具有单向导电性，假如它被反向击穿，不具可逆性，将永久损坏。而稳压二极管正是利用了它的反向击穿的特性，当被反向击穿时，稳压二极管反向电阻降低到一个很小的数值，在这个低阻区中电流增加而电压则保持恒定。

外观上二者没有什么区别，主要是从型号标注上来区别。用万用表检测稳压二极管和普通二极管如图 3-15 所示。

稳压二极管是一种工作在反向击穿区、具有稳定电压作用的二极管。其极性与性能好坏的测量与普通二极管的测量方法相似，不同之处在于，当使用万用表的 $R\times1\text{k}$ 档测量二极管时，测得其反向电阻是很大的，此时，将万用表转换到 $R\times10\text{k}$ 档，如果出现万用表指针向右偏转较大角度，即反向电阻值减小很多的情况，则该二极管为稳压二极管；如果反向电阻基本不变，说明该二极管是普通二极管，而不是稳压二极管。

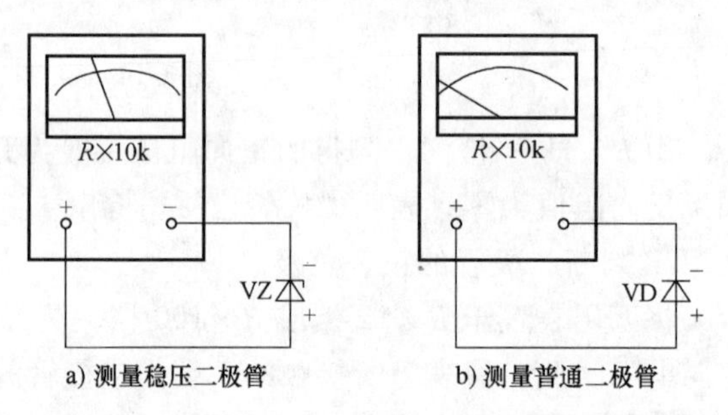

图 3-15　万用表检测稳压二极管和普通二极管

稳压二极管的测量原理是：万用表 $R\times1\text{k}$ 档的内电池电压较小，通常不会使普通二极管和稳压二极管击穿，所以测出的反向电阻都很大。当万用表转换到 $R\times10\text{k}$ 档时，万用表内电池电压变得很大，使稳压二极管出现反向击穿现象，所以其反向电阻下降很多，由于普通二极管的反向击穿电压比稳压二极管高得多，因而普通二极管不击穿，其反向电阻仍然很大。

1. 稳压二极管管脚识别方法

稳压二极管和普通二极管一样，其管脚也分正极、负极，使用时不能接错。使用时可以根据管壳上的标记进行识别，如根据所标记的二极管符号、管脚的长短、色环、色点等。其中带色的一端为正极，塑封二极管上带色环的一端为负极，对于同向管脚二极管，其管脚长的一根为正极。

如果管壳上的标识已不存在，可利用万用表进行测试，主要是通过测量二极管的正、反向电阻识别。其方法是：将指针式万用表置于 $R\times100$ 档，两支表笔分别接稳压二极管的两个管脚，在测的阻值较小的一次中，黑表笔所接的管脚为稳压二极管的正极，红表笔所接的管脚为稳压二极管的负极。

2. 稳压二极管的性能好坏的判别

判别普通稳压二极管是否短路或击穿损坏，可直接用万用表的 $R\times100$ 档或 $R\times1k$ 档测其正向电阻或反向电阻，看其阻值的大小进行判断，其方法与判断普通二极管的好坏的方法相同，可参考前述方法进行，在此不再重复。

3. 测试稳压二极管的稳压值

将万用表置于 $R\times10k$ 档，红表笔接稳压二极管的正极，黑表笔接稳压二极管的负极，待指针偏转到一个稳定值后，读出万用表的直流电档 DC 10V 刻度线上表针所示的值，注意不要读欧姆刻度线上的值，然后按下式计算出稳压二极管的稳压值。

$$稳压值\ V_z=(10V-读数)\times1.5(单位为\ V)$$

三、三端固定集成稳压电路的特点及检测方法

（一）三端固定集成稳压电路的特点

这种稳压器一般只有输入、输出、公共接地三个端子，输出电压固定，所以称为三端固定集成稳压器。其中 W78××和 W79××两种系列是最常用的，每一种系列在 5～24V 范围内有 7 种不同的档次（5V、6V、9V、12V、15V、18V、24V），负载电流可达 1.5A。W78××系列输出正电压，W79××系列输出负电压。系列的后两位数字表示稳压器的输出电压值，如 7805 表示该集成稳压器的输出电压为 +5V，而 7912 表示输出电压为 -12V。

1. W78××、W79××系列稳压器的分类

W78××、W79××系列稳压器的分类如图 3-16 所示。

2. W78××、W79××系列稳压器的外形

图 3-17 所示为 W78××和 W79××系列集成稳压器外形。

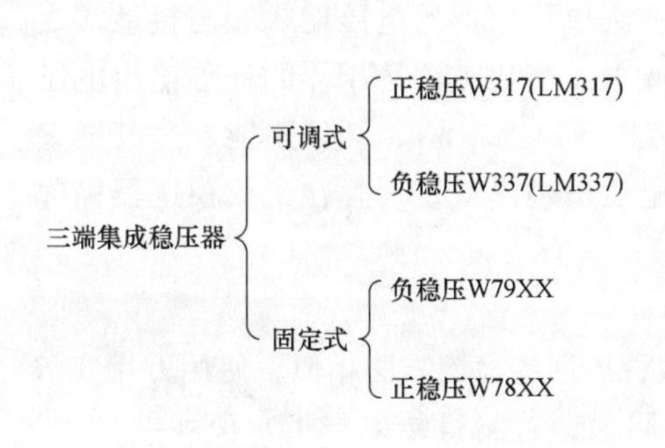

图 3-16　W78××、W79××系列稳压器的分类

a) W78××集成稳压器外形

b) W79××系列集成稳压器外形

图 3-17　W78××和 W79××系列集成稳压器外形

（二）三端固定集成稳压电路的检测方法

1. W78××、W79××系列稳压器的引脚识别

W78××、W79××系列稳压器的引脚识别如图3-18所示。W78××系列1脚为输入端，2脚为接地端，3脚为输出端；W79××系列1脚为接地端，2脚为输入端，3脚为输出端。

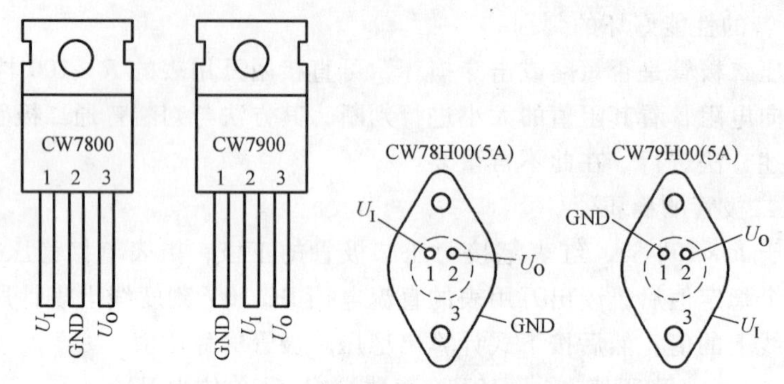

图3-18　W78××、W79××系列稳压器的引脚识别

2. W78××、W79××系列稳压器的检测方法

（1）W78××系列三端集成稳压器的检测方法

1）测量各引脚之间的电阻值：用万用表测量W78××系列集成稳压器各引脚之间的电阻值，可以根据测量的结果粗略判断出被测集成稳压器的好坏。W78××系列集成稳压器的电阻值用万用表$R\times1k$档进行测量，分为正测和反测两种方式：正测是指黑表笔接稳压器的接地端，红表笔去依次接触另外两个引脚；反测是指红表笔接地端，黑表笔依次接触另外两个引脚。

由于集成稳压器的品牌及型号众多，其电参数具有一定的离散性。通过测量集成稳压器各引脚之间的电阻值，也只能估测出集成稳压器是否损坏。若测得某两脚之间的正、反向电阻值均很小或接近零则可判断该集成稳压器内部已击穿损坏。若测得某两脚之间的正、反向电阻值均为无穷大，则说明该集成稳压器已开路损坏。若测得集成稳压器的阻值不稳定，随温度的变化而改变，则说明该集成稳压器的热稳定性能不良。

2）测量稳压值：即使测量集成稳压器的电阻值正常，也不能确定该稳压器就是完好的，还应进一步测量其稳压值是否正常。测量时，可在集成稳压器的电压输入端与接地端之间加上一个直流电压，需要注意的是正极接输入端。此电压应比被测稳压器的标称输出电压高3V以上，例如，被测集成稳压器是7805，加的直流电压就为+8V，切记不能超过其最大输入电压。若测得集成稳压器输出端与接地端之间的电压值输出稳定，且在集成稳压器标称稳压值的±5%范围内，则说明该集成稳压器性能良好。

（2）W79××系列三端集成稳压器的检测方法

测量各引脚之间电阻值的方法与W78××系列集成稳压器的检测方法相似，使用万用表$R\times1k$档测量W79××系列集成稳压器各引脚之间的电阻值，若测得结果与正常值相差较大，则说明该集成稳压器性能不良。

测量W79××系列集成稳压器稳压值的方法，与测量W78××系列集成稳压器稳压值的方法相同，也是在被测集成稳压器的电压输入端与接地端之间加上一个直流电压，需要注

意的是负极接输入端。此电压应比被测集成稳压器的标称电压低3V以下，例如，被测集成稳压器是7905，加的直流电压应为－8V，切记不允许超过集成稳压器的最大输入电压。若测得集成稳压器输出端与接地端之间的电压值输出稳定，且在集成稳压器标称稳压值的±5%范围内，则说明该集成稳压器完好。

※动手实践※

一、测量固定输出直流稳压电源中的变压器

固定输出直流稳压电源中的变压器测量表见表3-2。

表3-2　变压器测量表

名称	测量档位	一、二次绕组的通断		综合判定
		一次阻值	二次阻值	
变压器T				

二、测量固定输出直流稳压电源中的全桥

固定输出直流稳压电源中的全桥的测量表见表3-3。

表3-3　全桥的测量表

名称	测量档位	正极与交流间		负极与交流间		综合判定
		正向阻值	反向阻值	正向阻值	反向阻值	
VD						

三、测量固定输出直流稳压电源中的三端固定集成稳压电路

固定输出直流稳压电源中的三端固定集成稳压电路的测量表见表3-4。

表3-4　三端固定集成稳压电路的测量表

型号	档位	正测阻值	反测阻值	综合判定
LM7805				

四、补全固定输出直流稳压电源的元器件列表

固定输出直流稳压电源元器件表见表3-5，补全所缺项。

表3-5　固定输出直流稳压电源元器件表

序号	标称	名称	型号/规格	图形符号	外观	数量	检验结果
1	T	变压器	220V/8V				

（续）

序号	标称	名称	型号/规格	图形符号	外观	数量	检验结果
2	C	铝电解电容	2200μF/16V				
3		铝电解电容	22μF/12V				
4	VD	整流桥					
5		三端集成稳压器	LM7805				

※思考与练习※

1. 整流二极管主要用于哪些电路中？
2. 简述稳压二极管选择的基本原则。
3. 在图 3-19 中标注出 7905 的各个引脚名称
4. 写出输出电压额定电压值：

W7812 输出__________；W7912 输出__________。

W7805 输出__________；W7905 输出__________。

5. W78××系列中电压的 7 个档次是什么？

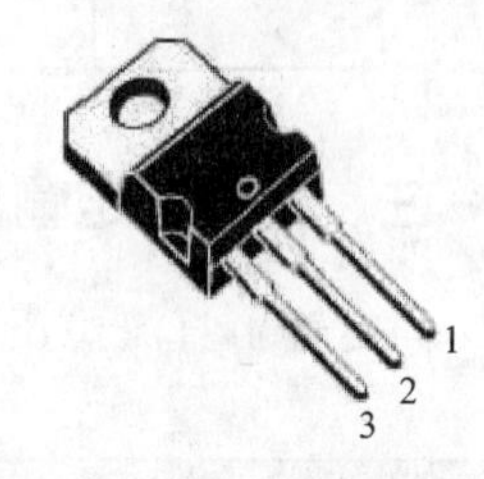

图 3-19　7905 外形图

任务三　固定输出直流稳压电源的组装与调试

※知识准备※

一、直流稳压电路的组成

（一）直流稳压电源各部分主要元器件

直流稳压电源由电源变压器、整流电路、滤波电路、稳压电路组成，各部分主要元器件如图 3-20 所示。

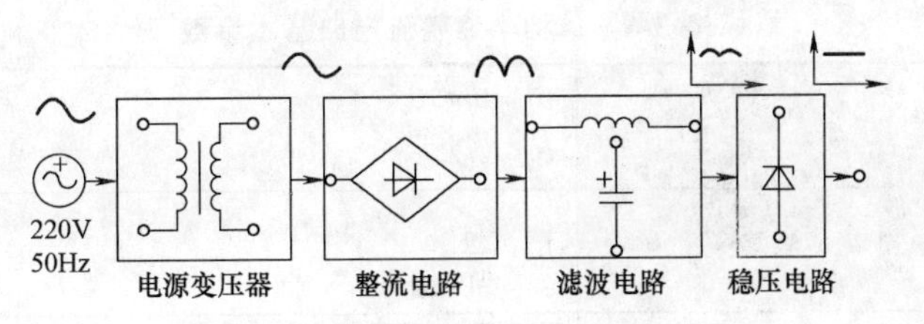

图 3-20　直流稳压电源各部分主要元器件

（二）直流稳压电源各部分的作用

1）电源变压器作用：将电网电压变为所需的交流电压。

2）整流电路作用：将交流电变成脉动直流电的过程。

3）滤波电路作用：滤除脉动直流电中的交流成分。

4）稳压电路作用：稳压电路的作用是当电源电压有波动及负载有变化时，都会引起整流滤波电路输出电压的变化，因此必须进行稳压。

二、整流电路

整流电路是将交流电变成脉动直流电。常见的整流电路有半波整流电路、全波整流电路和桥式整流电路三种。

（一）单相半波整流电路

1. 电路构成

单相半波整流电路如图 3-21 所示。

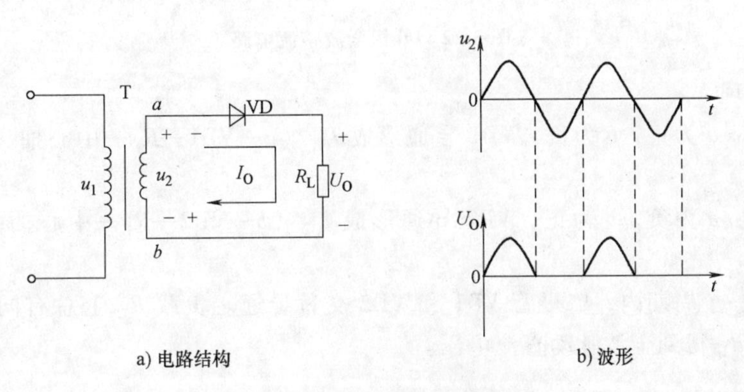

a) 电路结构　　b) 波形

图 3-21　单相半波整流电路

2. 工作原理

u_2 正半周：a 为正极，b 为负极，VD 导通形成 I_O，R_L 上正下负，$U_O = u_2$（忽略 VD 的导通电压），U_O 与 u_2 波形相同。

u_2 负半周：a 为负，b 为正，VD 截止，$I_O = 0$，$U_O = 0$。

在交流电压一个周期内，二极管半个周期导通，半个周期截止。由于该电路输出的脉动直流电压的波形是输入的交流电压波形的一半，故称为半波整流电路。

3. 基本参数

单相半波整流电路基本参数见表 3-6。

表 3-6　单相半波整流电路基本参数

整流输出电压平均值	$\overline{U}_O = 0.45U_2$ $U_2 = 2.22\ \overline{U}_O$
整流电流的平均值	$\overline{I}_O = \dfrac{\overline{U}_O}{R_L}$
流过整流管正向平均电流	$\overline{I}_F = \overline{I}_O$
整流管最大反向电压	$U_{RM} = \sqrt{2}U_2$

（二）单相全波整流电路

1. 电路构成

单相全波整流电路如图 3-22 所示。

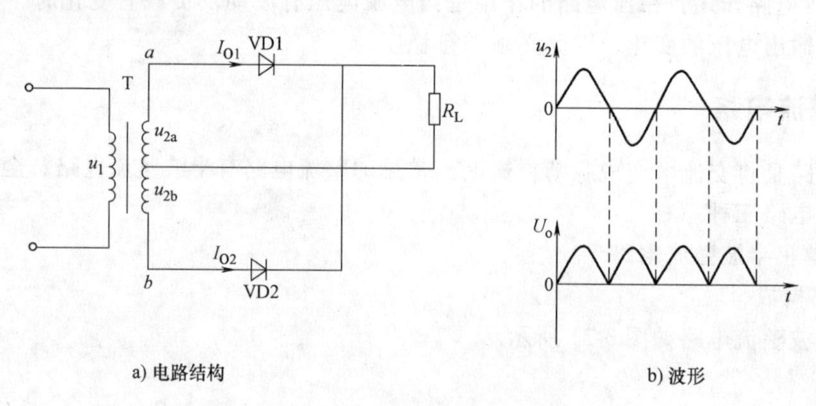

a) 电路结构　　b) 波形

图 3-22　单相全波整流电路

2. 工作原理

u_2 正半周：a 为正，b 为负，VD1 导通形成 I_{O1}（a—VD1—R_L—中心抽头），R_L 上正下负，VD2 截止。

u_2 负半周：a 为负，b 为正，VD2 导通形成 I_{O2}（b—VD2—R_L—中心抽头）R_L 上正下负，VD1 截止。

在交流电一个周期内，二极管 VD1 和 VD2 交替导通。负载 R_L 上总有同一方向电流流过。因此负载 R_L 得到全波脉动直流电压。

3. 基本参数

单相全波整流电路基本参数见表 3-7。

表 3-7　单相全波整流电路基本参数

整流输出电压平均值	$\overline{U}_O = 0.9U_2$ $U_2 = 1.11\ \overline{U}_O$
整流电流的平均值	$\overline{I}_O = \dfrac{\overline{U}_O}{R_L}$
流过整流管正向平均电流	$\overline{I}_F = \dfrac{1}{2}\overline{I}_O$
整流管最大反向电压	$U_{RM} = 2\sqrt{2}U_2$

（三）单相桥式整流电路

1. 电路结构

单相桥式整流电路如图 3-23 所示。

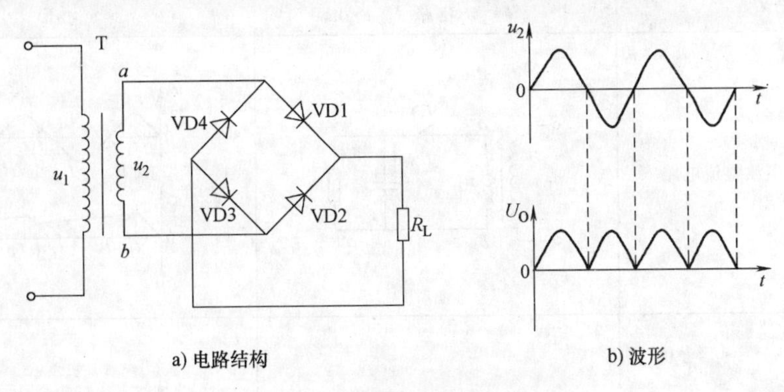

图 3-23 单相桥式整流电路

2. 工作原理

u_2 正半周：a 为正，b 为负，VD1，VD3 导通，VD2，VD4 截止，形成 I_{O1}（a—VD1—R_L—VD3—b），R_L 上正下负。

u_2 负半周：a 为负，b 为正，VD1，VD3 截止，VD2，VD4 导通，形成 I_{O2}：（b—VD2—R_L—VD4—a），R_L 上正下负。

在交流电一个周期内，四个二极管中两个轮流导通，负载上总有同一方向电流通过，因此负载 R_L 得到全波脉动直流电压。

3. 基本参数

单相桥式整流电路基本参数见表 3-8。

表 3-8 单相桥式整流电路基本参数

整流输出电压平均值	$\overline{U}_O = 0.9U_2$ $U_2 = 1.11\,\overline{U}_O$
整流电流的平均值	$\overline{I}_O = \dfrac{\overline{U}_O}{R_L}$
流过整流管正向平均电流	$\overline{I}_F = \dfrac{1}{2}\overline{I}_O$
整流管最大反向电压	$U_{RM} = \sqrt{2}U_2$

三、滤波电路

滤波电路用于滤除脉动直流电中的交流成分，常用的滤波电路有电容滤波、电感滤波、T 型滤波、π 型滤波电路。

（一）电容滤波电路（C 与 R_L 并联）

RC 滤波电路适用于小电流电路。电容滤波电路是最简单的一种滤波电路，其在整流电路的输出端（即负载 R_L 两端）并联一个电容 C，C 容量较大，一般采用电解电容。电路及其波形见表 3-9。

表 3-9　具有电容滤波的整流电路及其波形

电路名称	电路	波形
具有电容滤波的半波整流电路	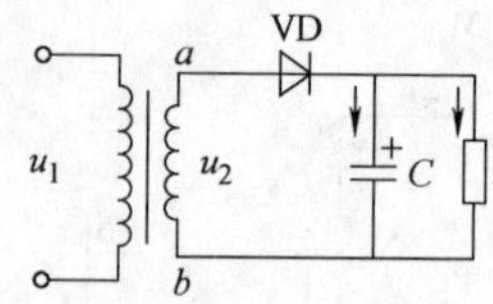 VD, a, b, u_1, u_2, C, R_L	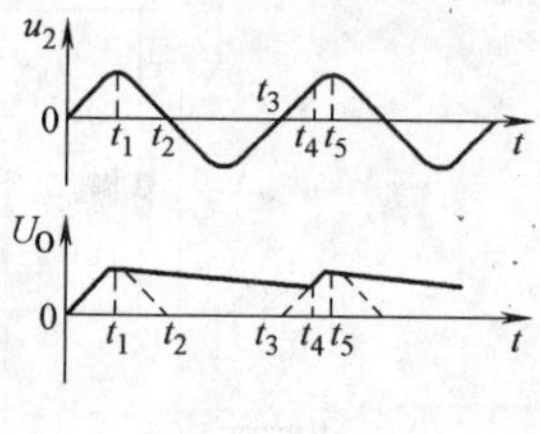 u_2, 0, t_1 t_2 t_3 t_4 t_5, t; U_O, 0, t_1 t_2 t_3 t_4 t_5, t
具有电容滤波的全波整流电路	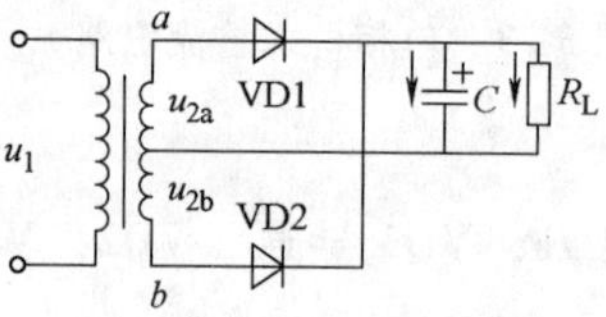 a, b, u_1, u_{2a}, u_{2b}, VD1, VD2, C, R_L	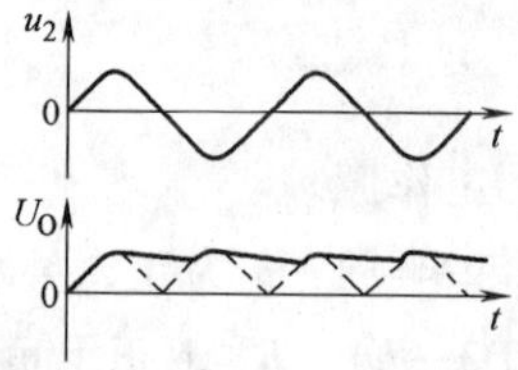 u_2, 0, t; U_O, 0, t
具有电容滤波的桥式整流电路	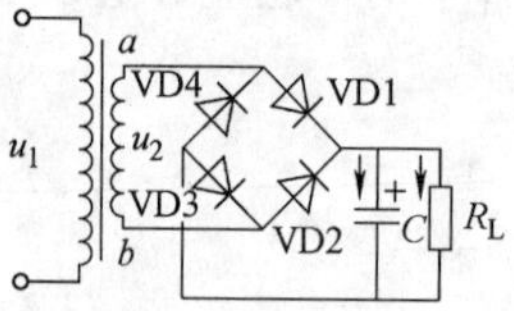 a, b, u_1, u_2, VD1, VD2, VD3, VD4, C, R_L	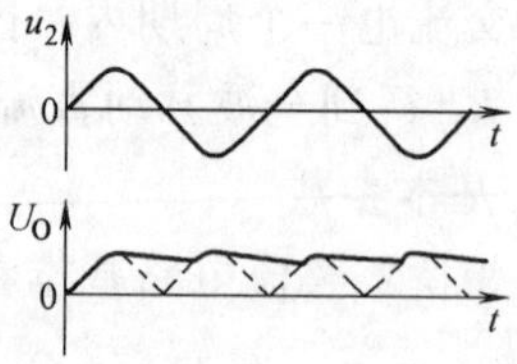 u_2, 0, t; U_O, 0, t

（二）电感滤波电路（L 与 R_L 串联）

RL 滤波器适用于大电流滤波电路，这类滤波器的优点是：通带内的信号不仅没有能量损耗，而且还可以放大，负载效应不明显，多级相联时相互影响很小，利用级联的简单方法很容易构成高阶滤波器，并且滤波器的体积小、重量轻、不需要磁屏蔽。缺点是：通带范围受有源器件（如集成运算放大器）的带宽限制，需要直流电源供电，可靠性不如无源滤波器高，在高压、高频、大功率的场合不适用。电路及其波形见表 3-10。

表 3-10　具有电感滤波的整流电路及其波形

电路名称	电路	波形
具有电感滤波的半波整流电路	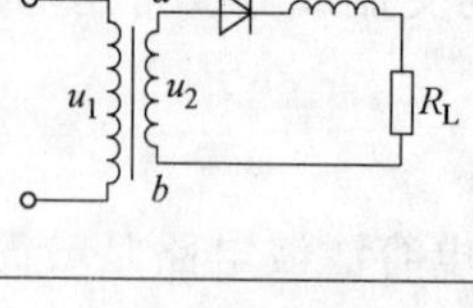 VD1, L, a, b, u_1, u_2, R_L	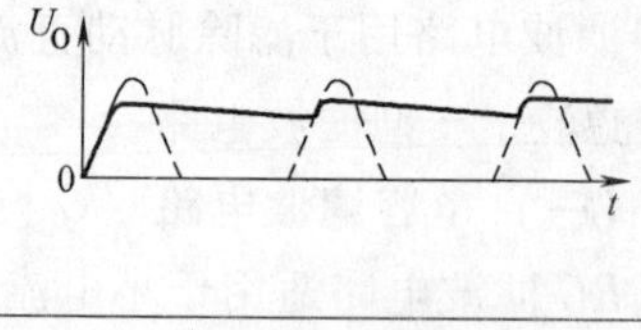 U_O, 0, t

（续）

电路名称	电路	波形
具有电感滤波的全波整流电路		
具有电感滤波的桥式整流电路		

（三）T 型滤波电路

T 型滤波电路适用于大电流电路，电路结构是在电容滤波器前串接一个电感，桥式 T 型滤波电路如图 3-24 所示。T 型滤波电路是电容滤波电路与电感滤波电路的组合，它兼有电容滤波与电感滤波的优点，所以 T 型滤波电路是一种性能比较优秀的滤波电路。

图 3-24　桥式 T 型滤波电路

（四）π 型滤波电路

π 型滤波电路适用于小电流电路，电路类型可分为 *LC*—π 型滤波、*RC*—π 型滤波。

LC—π 型滤波电路具有输出电压较高，输出电流较大时输出电压会下降，对二极管有电流冲击等特点。如图 3-25a 所示，它比较适合应用于输出电压平滑，输出电流较小的场合。

RC—π 型滤波电路的电感器重量大、体积大、成本高，对于要求输出电流较小的场合常用功率较大的固定电阻器代替电感器。如图 3-25b 所示。

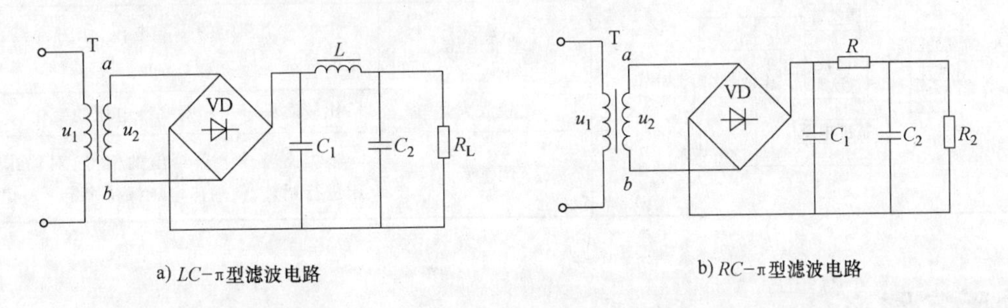

a) *LC*−π型滤波电路　　b) *RC*−π型滤波电路

图 3-25　π 型滤波电路

四、稳压电路

当电源电压有波动及负载有变化时，都会引起整流滤波电路输出电压的变化，因此必须进行稳压。促进的稳压电路有串联稳压电路和并联稳压电路。

（一）LM7805 稳压芯片构成的稳压电路

由 LM7805 稳压芯片构成的稳压电路如图 3-26 所示。

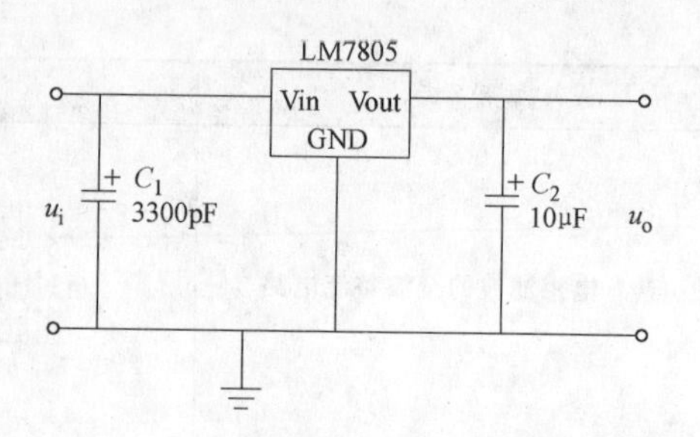

图 3-26 由 LM7805 稳压芯片构成的电路

220V 交流市电通过电源变压器变换成交流低压，再经过桥式整流电路和滤波电容 C_1 的整流和滤波，在三端固定稳压器 LM7805 的 Vin 和 GND 两端形成一个并不十分稳定的直流电压（该电压常常会因为市电电压的波动或负载的变化等原因而发生变化）。此直流电压经过 LM7805 的稳压和 C_2 的滤波便在稳压电源的输出端产生了精度高、稳定度好的直流输出电压。本稳压电源可作为 TTL 电路或单片机电路的电源。三端稳压器是一种标准化、系列化的通用线性稳压电源集成电路，以其体积小、成本低、性能好、工作可靠性高、使用简捷方便等特点，成为目前稳压电源中应用最为广泛的一种单片式集成稳压器件。

（二）简单的串联式稳压电路

1. 电路结构

简单的串联式稳压电路如图 3-27 所示。

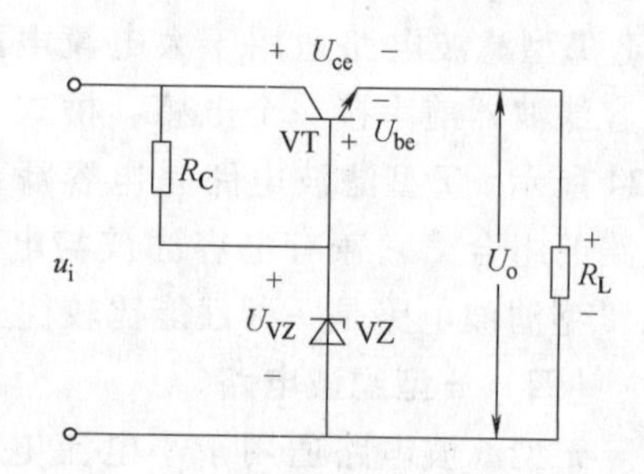

图 3-27 简单的串联式稳压电路结构

2. 元件作用

1）调整管 VT：调整晶体管 C、E 间电压。

2）稳压二极管 VZ：稳定 VT 的基极电位。

3）R_C：是 VZ 的限流电阻，又是 VT 的偏置电阻。

（三）具有放大环节的串联稳压电路

具有放大环节的串联稳压电路框图、各部分名称及作用见表 3-11 所示。

表 3-11 具有放大环节的串联稳压电路框图、各部分名称及作用

框图	电路名称	作用
调整管 整流滤波 比较放大器 取样电路 基准电压 u_i R_L	取样电路	取出输出电压的一部分
	基准电压	提供一个稳定的标准电压，作为调整、比较的标准
	比较放大器	比较取样电压相对基准电压的变化
	调整管	根据比较放大器给出的信号，对输出电压进行调整，使输出电压保持稳定

※动手实践※

一、固定输出直流稳压电源的组装

根据给出的固定输出直流稳压电源电路图，将选择的元器件准确地焊接在产品的印制电

路板上。

要求：在印制电路板上所焊接的元器件的焊点大小适中、光滑、圆润、干净、无毛刺；无漏、假、虚、连焊，引脚加工尺寸及成型符合工艺要求；导线长度、剥线头长度符合工艺要求，芯线完好，捻线头镀锡。

固定输出直流稳压电源的 PCB 图和电路图，如图 3-28 所示。

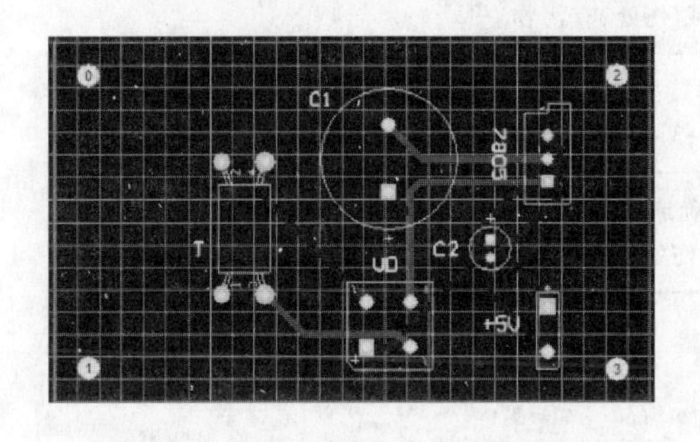

a) PCB图

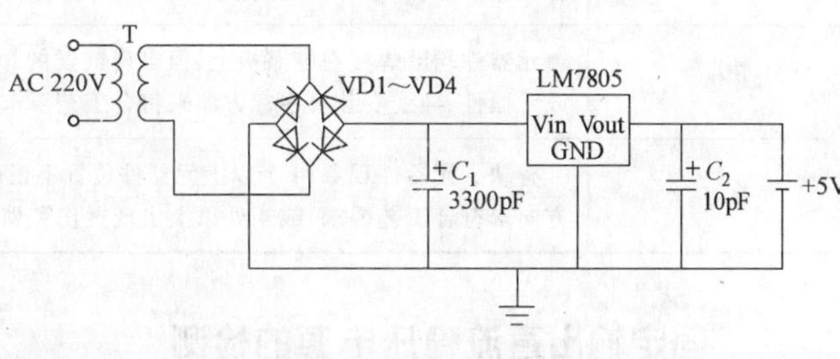

b) 电路图

图 3-28　固定输出直流稳压电源的 PCB 图和电路图

（一）固定输出直流稳压电源工作原理

220V 的交流电经过电源变压器进行减压后送入整流电路变为脉动的直流电，经滤波后送入三端固定稳压器 LM7805，输出 5V 直流电供负载使用。

（二）固定输出直流稳压电源的安装步骤

固定输出直流稳压电源的安装步骤见表 3-12。

表 3-12　固定输出直流稳压电源的安装步骤

安装步骤	安装元件	安装规范及注意事项
第一步	电解电容 C_2	立式安装，距焊板高度为 3mm，注意正、负极
第二步	电解电容 C_1	立式安装，距焊板高度为 3mm，注意正、负极
第三步	全桥 VD	立式安装，距焊板高度为 3mm，注意直流“+”“-”极不要接错
第四步	LM7805	立式安装，距焊板高度为 3mm，注意输入、输出、接地端不要接错
第五步	电源变压器	外接电源变压器，注意输入、输出端不要接错
第六步	5V 直流输出端	外接 5V 直流输出端给负载，注意极性不要接错

二、评价标准

根据给出的固定输出直流稳压电源电路图，把选取的电子元器件及功能部件正确地装配在产品的印制电路板上。

要求：元器件焊接安装无错漏，元器件、导线安装及元器件上字符标示方向均应符合工艺要求；电路板上插件位置正确；电路板和元器件无烫伤和划伤处，整机清洁无污物。

电子产品电路装配可按下面标准分级评价，见表 3-13。

表 3-13　电子产品电路装配评价标准

评价等级	评 价 标 准
A 级	能实现电路功能，将交流电转换成直流电。焊接安装无错漏，电路板插件位置正确，元器件极性正确，安装可靠牢固，电路板安装对位；整机清洁无污物
B 级	能实现电路发送与接收功能，元器件均已焊接在电路板上，元器件、导线安装及字标方向未符合工艺要求（2 处以下）；或 2 处以下出现烫伤和划伤处，有污物
C 级	元器件均已焊接在电路板上，但出现错误的焊接安装（3～4 个）元器件或元器件极性不正确；或元器件、导线安装及字标方向未符合工艺要求；3～4 处出现烫伤和划伤处，有污物
D 级	有缺少元器件现象；4 个以上元器件位置不正确或元器件极性不正确、元器件导线安装及字标方向未符合工艺要求；或 4 处以上出现烫伤和划伤处，有污物或有焊盘脱落现象

三、固定输出直流稳压电源的检测

（一）固定输出直流稳压电源的检测步骤

1. 检测电路中是否有短路现象　　□是　□否
2. 检测晶体管三个电极是否接反　　□是　□否
3. 检测电容极性是否接反　　□是　□否
4. 检测发光二极管是否接反　　□是　□否

（二）固定输出直流稳压电源的检测点

1. 测量电源电压________V。
2. 测量整流桥的输出电压________。
3. 利用示波器观察并描述整流桥的输入波形为________________。
4. 利用示波器观察并描述整流桥的输出波形为________________。
5. 测量 LM7805 的输入电压为________，输出电压为________。

固定输出直流稳压电源检测评价标准见表 3-14。

表 3-14　电路检测评价标准

评价等级	评 价 标 准
A 级	能准确使用万用表量程测量各极电压，能准确使用示波器测量观察波形，电路效果好
B 级	能测量晶体管各极电压，会使用示波器观察输入、输出波形，电路达到效果
C 级	经修改电路能达到效果，测量基本符合要求。
D 级	虽进行修复，但电路没有达到效果。

※思考与练习※

1. 直流稳压电源由几个部分组成？
2. 常见的整流电路有________、________和________三种。
3. 画出桥式整流电路的电路图并简述工作原理。
4. 电容滤波电路中电容与负载________；电感滤波电路中电感与负载________；

5. 补全图3-29，写出每部分的作用。

6. 在桥式整流电路中，要求输出15V的直流电压和90mA的直流电流。二极管通过的电流和承受的最大反向电压。

7. 全波整流电路中，若其中一个二极管脱焊会出现什么问题？若其中一个二极管极性接反会出现什么问题？若变压器中心抽头处接线脱焊会出现什么问题？

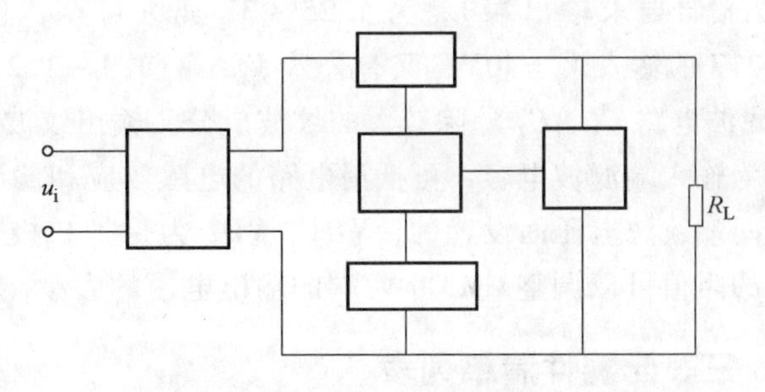

图3-29　具有放大环节的串联稳压电路框图

※项目扩展※

可调直流稳压电源的制作

一、电路图

可调直流稳压电源如图3-30所示。

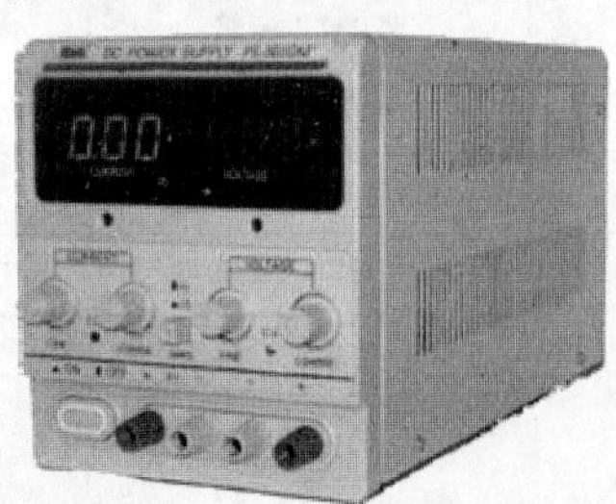

a) 实物图

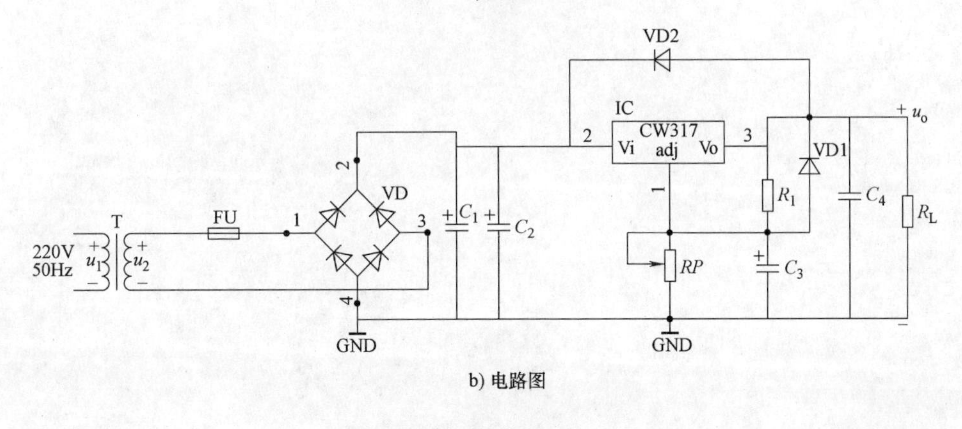

b) 电路图

图3-30　可调直流稳压电源

二、工作原理

变压器T将220V交流电进行减压，经桥式整流电路后将交流电变换成脉动的直流电。

因为设计要求输出端 u_O 为 1.25~37 连续可调，且 CM317 输入与输出不得相差 3V，则 CM317 的输入 $V_i=40V$，又有公式 $V_O=(1.1\sim1.2)\cdot Vi$，则变压器选择 32~36V。u_2 再经滤波电路 C_1、C_2 滤除较大的纹波成分，输出纹波较小的直流电压 u_O，如图 3-29 所示 C_1、C_2 为输入端滤波电容，可抵消电路的电感效应和滤波输入线窜入的干扰脉冲，C_3 是为减小 R_1 两端纹波电压而设置的，VD1、VD2 为保护二极管，防止反向电压击穿稳压器。当调节 R_2 的阻值可以调整 CM317 两端的输出电压的大小，可实现 1.25~37V 连续可调。

三、元器件清单列表

可调直流稳压电源元器件清单列表，见表 3-15。

表 3-15　可调直流稳压电源元器件清单列表

序号	符号	名称	规格	数量
1	R_1	电阻	240Ω	1
2	RP	可调电阻	2.7kΩ	1
3	C_1	电解电容	2200μF/50V	1
4	C_2	涤纶电容	0.33μF	1
5	C_3	电解电容	10μF/50V	1
6	C_4	电解电容	100μF/50V	1
7	VD1,VD2	整流二极管	1N4002	2
8	VD	整流全桥	KBPC610	1
9	IC	可调三端稳压器	CW317	1
10	T	电源变压器	TDA2026	1

项目四
半双工对讲机的制作

※项目描述※

在智能大厦中，楼宇管理员要经常对大厦设备进行检查，对检查中出现的问题要及时与其他工作人员汇报。对讲机就是工作人员之间联系使用最多的一种通信工具。对讲机具有体积小、重量轻、功率小、便于个人随身携带的特点。本项目主要是利用电感线圈、扬声器、二极管、晶体管、电阻、电解电容等元器件，制作一个半双工对讲机。

半双工对讲机实物图如图 4-1 所示。

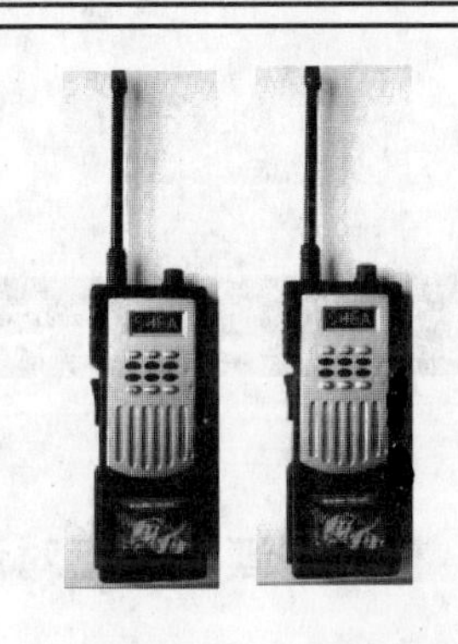

图 4-1　半双工对讲机实物图

※项目目标※

知识目标：

1. 掌握电感线圈、扬声器等元器件电路符号。
2. 进一步熟悉电路中各元器件的参数。
3. 了解功率放大电路的工作原理。
4. 了解无线电广播的发送与接收基本过程。
5. 了解半双工对讲机的工作原理。

能力目标：

1. 能够准确识别电路中的元器件，会正确测量元器件。
2. 能够正确识读半双工对讲机电路图及装配图。
3. 能够准确使用工具完成半双工对讲机的组装。
4. 有一定的排除故障能力。

素养目标：

能按照职业规范进行安全操作，具有一定的故障分析能力和排查能力。

※项目分析※

本项目在制作过程中通过电路图识读、元器件检测和半双工对讲机组装与调试三个任务，最终让学生了解电路中元器件参数，了解功率放大电路、高频放大电路的工作原理。半双工对讲机的制作流程如图 4-2 所示。

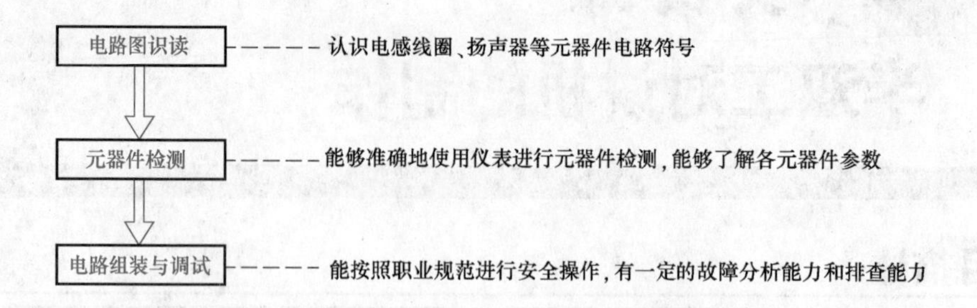

图 4-2　半双工对讲机的制作流程

任务一　半双工对讲机电路图的识读

一、识读半双工对讲机电路图

半双工对讲机电路图如图 4-3 所示。

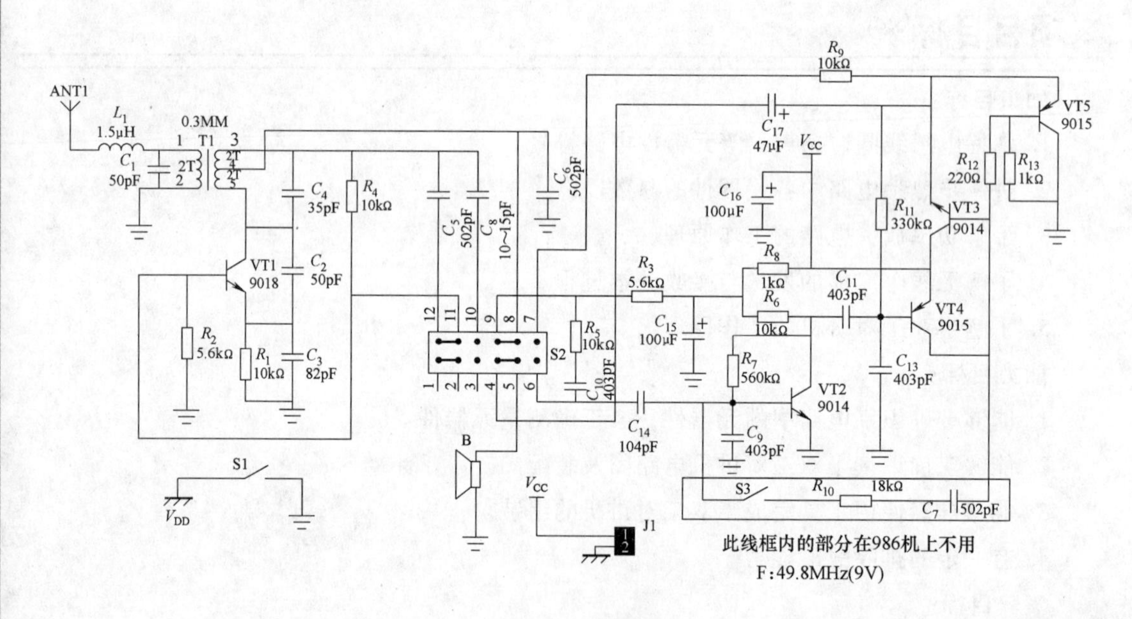

图 4-3　半双工对讲机电路图

半双工对讲机中的两个对讲机之间可以相互进行通话，其中一个在接收状态，另外一个在发射状态，发射机和接收机只能交替工作，不能同时工作。当按下发射控制键时，发射处于工作状态，接收处于不工作状态，反之，松开发射按键时，发射处于不工作状态，接收处于工作状态。

二、识读半双工对讲机中的元器件

(一) 认识电感线圈

电感线圈简称电感，也是家用电器、各种仪器仪表及各种电子产品中不可缺少的元件。电感是用漆包线绕在骨架上而成的电子元件。常用的电感线圈可以分为两大类，一类是应用自感作用的电感线圈；另一类是应用互感作用的变压器。常见的电感线圈如图 4-4 所示。

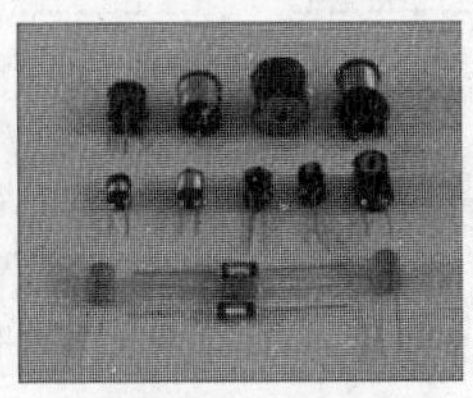
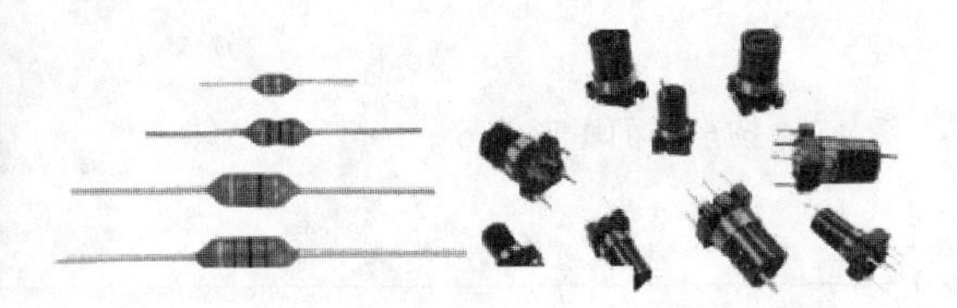

图 4-4　常见电感线圈

电感线圈在电路中用字母“L”表示。图形符号如图 4-5 所示。

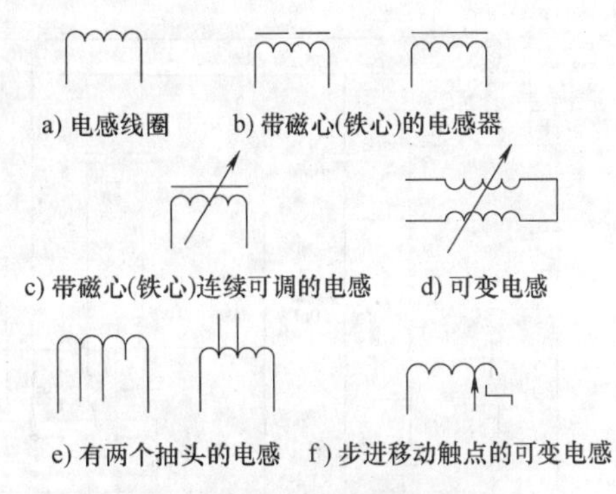

图 4-5　电感的图形符号

(二) 认识扬声器

扬声器俗称喇叭，是一种十分常用的电声换能器件，在发声的电子电气设备中都能见到它。常见的扬声器如图 4-6 所示。

扬声器在电路中用字母“B”表示。图形符号如图 4-7 所示。

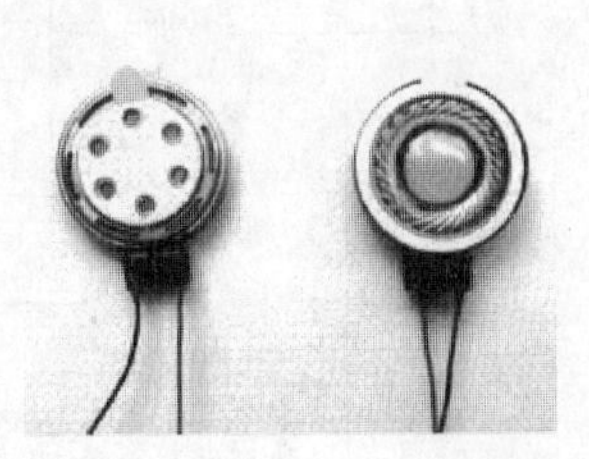

图 4-6　常见的扬声器

三、识读半双工对讲机框图

半双工对讲机的框图如图 4-8 所示。主要包括三大部分：电源电路、发射系统、接收系统。其中发射系统包含受话器、音频放大、调制电路、发射天线等；接收系统包括接收天线、高频放大、检波电路、扬声器等。

四、半双工对讲机框图与电路图对应关系

半双工对讲机框图与电路图对应关系如图 4-9 所示。

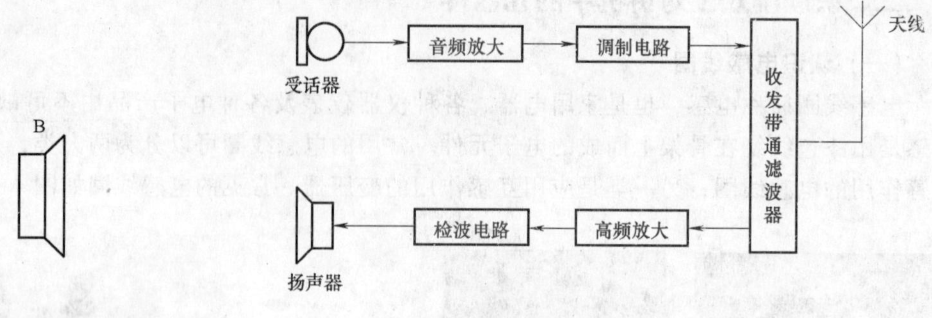

图 4-7　扬声器的图形符号

图 4-8　半双工对讲机的框图

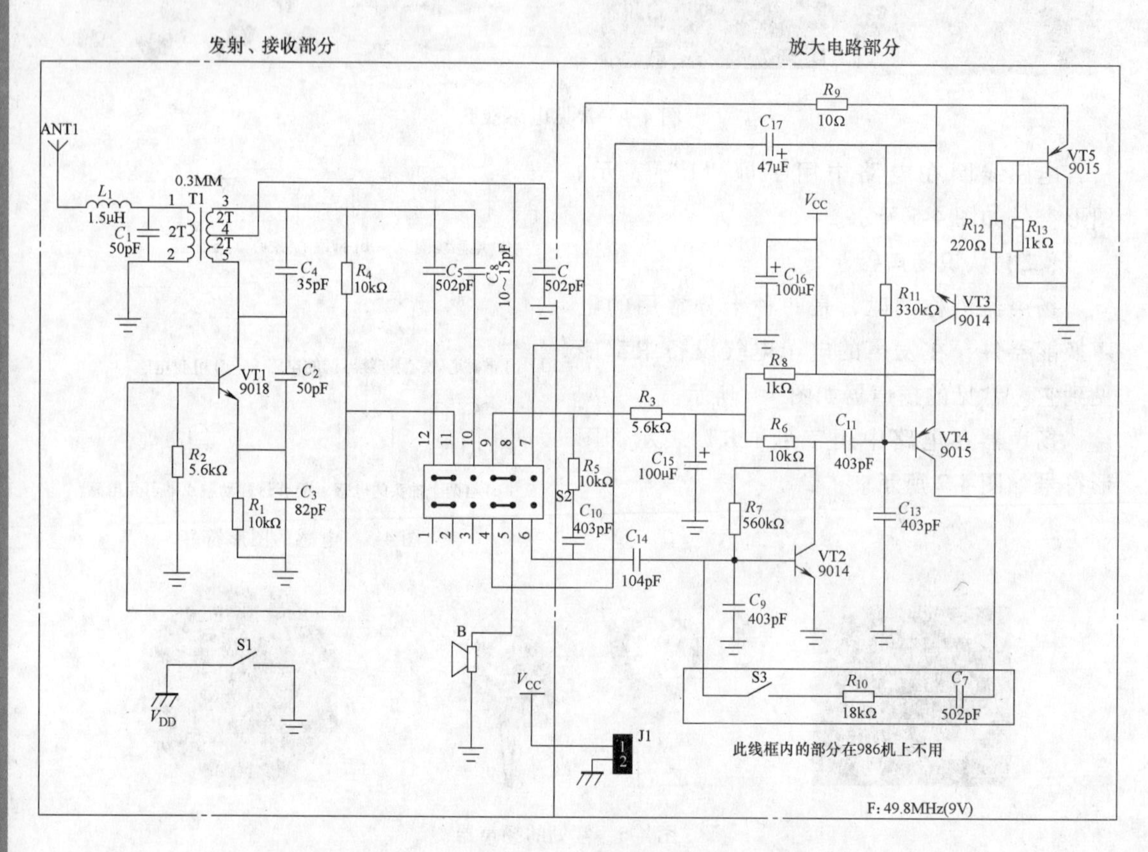

图 4-9　半双工对讲机框图与电路图对应关系

※思考与练习※

1. 扬声器是把________转换成声音信号的一种装置。
2. 本次制作的半双工对讲机频率是 49.8MHz，请你说出它是调频机还是调幅机，简述理由。
3. 利用书籍或网络查询什么是调制？调制包括几种形式？
4. 利用书籍或网络查询什么是检波？检波一般应用什么元器件？
5. 常用的电感分为几类？

任务二 半双工对讲机元器件的检测

※知识准备※

一、电感的特性及检测方法

(一) 电感的特性及应用

电感的种类繁多，形状各异，通常可以分为固定电感、可调电感和微调电感三大类。

1. 电感的特性

电感线圈在电子设备中虽然使用得不是很多，但它们在电路中同样重要。电感和电容一样，也是一种储能元件，它能把电能转变为磁场能，并在磁场中储存能量。电感的特性与电容的特性相反，它具有阻止交流电通过而让直流电通过的特性。

2. 电感的应用

电感经常和电容一起构成 *LC* 滤波器、*LC* 振荡器等。另外，人们还利用电感的特性，制造了阻流圈、变压器、继电器等。电感在电路中的主要用途是滤波、谐振、分频和磁偏转。

3. 电感的标注方法

(1) 直标法

在电感线圈的外壳上直接用数字和文字标出电感线圈的电感量，允许误差及最大工作电流等主要参数，如图 4-10 所示。

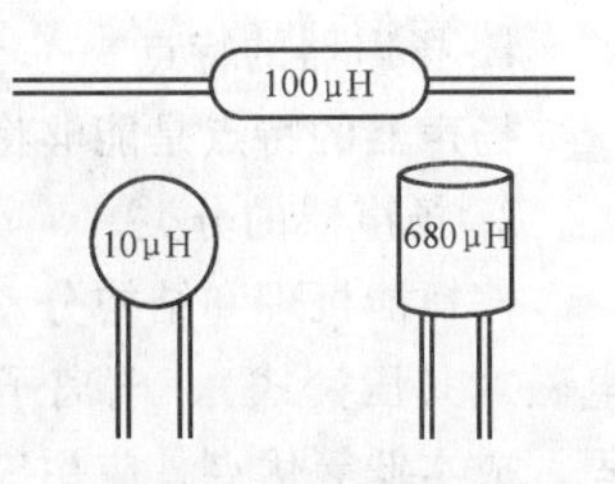

图 4-10 电感量的直标法

(2) 色标法

色标法即用色环表示电感量，单位为 mH，第一、二位表示有效数字，第三位表示倍率，第四位为误差。如图 4-11 所示，有效数字见表 4-1。

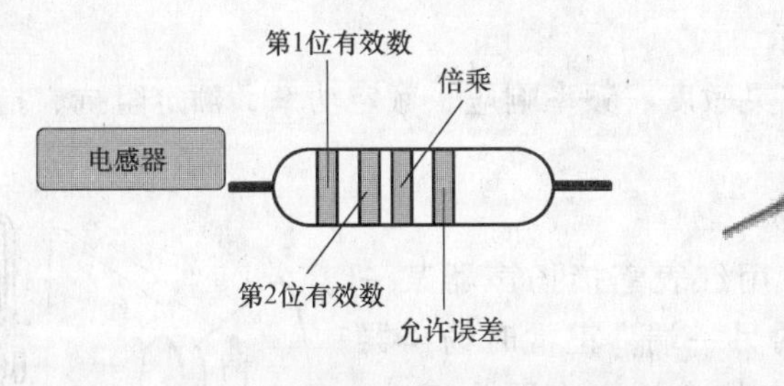

图 4-11 电感量的色标法

表 4-1 色标法的有效数字

颜色	棕	红	橙	黄	绿	蓝	紫	灰	白	黑
有效数字	1	2	3	4	5	6	7	8	9	0

色码电感器的适用频率一般在 10kHz ~ 20MHz，它的工作电流可分为 50mA、150mA、300mA、700mA、1.6A 共 5 个档。

（二）电感的检测方法

测量电感的主要参数需要专门的测量仪器，用万用表只能大致判断电感器的好坏。

1. 色码电感器的检测方法

将万用表置于 $R\times1$ 档，红、黑表笔接色码电感器的引脚，此时指针应向右摆动。如图 4-12 所示，根据测出的阻值判别电感好坏。

图 4-12　色码电感器的检测

1）阻值为零，内部有短路性故障；

2）阻值为无穷大，内部开路；

3）只要能测出电阻值，电感外形、外表颜色又无变化，可认为是正常的。

2. 普通电感的检测方法

用万用表的 $R\times1$ 档测量，两表笔分别碰接电感器的引脚。当被测电感器的阻值为 0 时，说明电感器内部短路，不能使用。如果测得电感器有一定阻值，说明正常。若测量阻值为∞，则说明电感器已经开路损坏。

二、扬声器的特点及检测方法

（一）扬声器的特点、分类及应用

1. 扬声器的特点

扬声器的特点是能够将电信号转化为声音播放出来，而且音量较大，保真度较好。

2. 扬声器的分类

按换能机理和结构分动圈式（电动式）、电容式（静电式）、压电式（晶体或陶瓷）、电磁式（压簧式）、电离子式和气动式扬声器等，电动式扬声器具有电声性能好、结构牢固、成本低等优点，应用广泛；按声辐射材料分纸盆式、号筒式、膜片式扬声器；按纸盆形状分圆形、椭圆形、双纸盆和橡皮折环；按工作频率分低音、中音、高音，有的还分成录音机专用、电视机专用、普通和高保真扬声器等；按音圈阻抗分低阻抗和高阻抗；按效果分直辐和环境声等。

3. 扬声器的主要性能指标

扬声器的主要性能指标有灵敏度、频率响应、额定功率、额定阻抗、指向性以及失真度等参数。

（二）扬声器的检测方法

将万用表置于 $R\times1$ 档，用红表笔接扬声器某一端，用黑表笔去点触扬声器的另一端，正常时扬声器应有“喀喀”声，同时万用表的表针应作同步摆动。若扬声器不发声，万用表指针也不摆动，则说明音圈烧断或引线开路。若扬声器不发声，但表针偏转且阻值基本正常，则是扬声器的振动系统有问题。检测方法如图 4-13 所示。

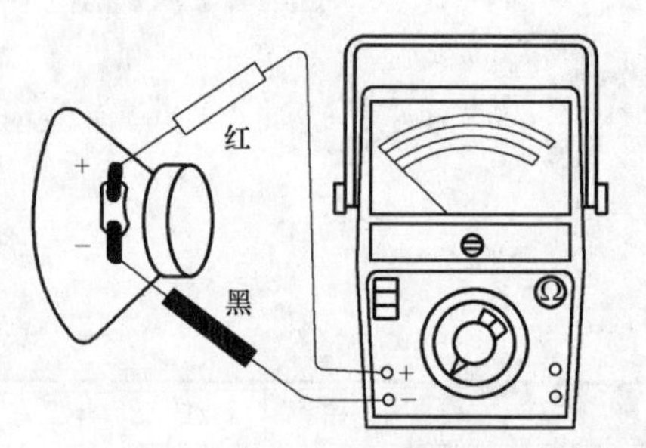

图 4-13　扬声器的检测方法

※动手实践※

一、测量半双工对讲机中的电感

半双工对讲机中的电感测量见表4-2。

表4-2　电感的测量

类型	选档	观测情况	综合判定
色码电感 L_1			
可调电感 T1			

二、测量半双工对讲机中的扬声器

半双工对讲机中的场声器测量见表4-3。

表4-3　扬声器的测量

	选档	观测情况及阻值	综合判定
扬声器 B			

三、补全半双工对讲机的元器件列表

半双工对讲机的元器件列表见表4-4。

表4-4　半双工对讲机的元器件列表

序号	标称	名称	型号/规格	图形符号	外观	数量	检验结果
1	R_1、R_9	电阻	10Ω				
2	R_2、R_3	电阻	5.6kΩ				
3	R_4、R_5、R_6	电阻	10kΩ				
4	R_7	电阻	560kΩ				
5	R_8、R_{13}	电阻	1kΩ				
6	R_{11}	电阻	330kΩ				
7	R_{12}	电阻	220Ω				
8	C_1、C_2	电容	50pF				
9	C_3	电容	82pF				
10	C_4	电容	35pF				
11	C_5、C_6	电容	502				
12	C_8	电容	15pF				
13	C_9、C_{10}、C_{11}、C_{13}	电容	403				
14	C_{14}	电容	104				

（续）

序号	标称	名称	型号/规格	图形符号	外观	数量	检验结果
15	C_{15}、C_{16}	电解电容	100μF				
16	C_{17}	电解电容	47μF				
17	VT1	晶体管	9018				
18	VT2、VT3	晶体管	9014				
19	VT4、VT5	晶体管	9015				
20	L_1	色码电感	1.5 μH				
21	T1	可调电感	7KB-1.5T				
22	S2	复位开关					
23	B	扬声器	4Ω				
24	S1	拨动开关					
25	E_C	电池	9V				

※思考与练习※

1. 请读出图 4-14 中的色码电感器的电感量（色环颜色为黄紫黑银）。

2. 电感的单位是什么？电感具有什么特点？

3. 色码电感器的电流分几档？

4. 扬声器的主要性能指标有哪些？

5. 利用书籍或网络查询一般动圈式扬声器常见的阻抗有________和________。

6. 理想的扬声器频率特性应为____________。

图 4-14 色码电感器

任务三 半双工对讲机的组装与调试

※知识准备※

一、功率放大电路

功率放大电路又称功率放大器，简称功放，作用就是把来自音源或前级放大器的弱信号放大，以驱动扬声器发出声音。

（一）功率放大电路的特点

1. 输出功率大

为了获得大的功率输出，要求功放管的电压和电流都有足够大的输出幅度，因此晶体管往往接近于极限状态下工作，才能充分发挥晶体管的潜力，获得最大的功率输出。使用中特别注意不能超过晶体管的极限参数，否则晶体管将损坏或性能显著下降。

2. 效率高

由于输出功率大，因此直流电源消耗的功率也大，这就存在一个效率问题。所谓效率可用如下公式描述

$$\eta=\frac{\text{负载所得交流功率 } P_{\mathrm{O}}}{\text{电源供给直流功率 } P_{\mathrm{E}}}\times 100\%$$

η 的大小可以反映出电源电能的利用情况。例 η 为 50% 说明电源供给集电极电路的直流功率中，只有一半通过晶体管变成交流输出功率，而另一半则被晶体管集电结以发热的形式消耗掉了。这部分消耗掉的功率叫晶体管集电结耗散功率，简称功耗。显然，为了得到大的输出功率，η 越高越好。

3. 非线性失真要小

功放级晶体管是处于大信号工作状态，信号的作用范围接近晶体管的截止区和饱和区，由于晶体管特性的非线性，将使功率放大器不可避免地产生较大的非线性失真。因此，功率放大器在要求得到最大输出的同时，还必须尽量减小非线性失真，把工作区域限制在允许的范围。

（二）功率放大电路的分类

1. 按晶体管工作状态分

可分为甲类功率放大电路、乙类功率放大电路和甲乙类功率放大电路。如表 4-5 所示。

表 4-5　甲类、乙类、甲乙类三种功率放大电路对比

参数	甲类	乙类	甲乙类
静态工作点 Q 的位置	放大区	放大区和截止区交界处	靠近截止区
静态电流 I_{CQ} 的大小	较大	$I_{CQ}\approx 0$	较小
输出波形	i_C(mA) t 不失真正弦波	i_C(mA) t 半波	i_C(mA) t 单边失真的正弦波

2. 按电路形式分

可分为变压器耦合功率放大电路和无变压器耦合功率放大电路。变压器耦合功率放大电路可以通过变压器的阻抗变换特性，使负载获得最大输出功率，但由于变压器体积较大、笨重、频率特性较差，且不便集成化，目前已经很少使用。无输出变压器的 OTL 和 OCL 电路是应用最为广泛的功率放大电路。

（三）互补对称功率放大电路

甲类功率放大电路输出波形好，但管耗大，效率较低。乙类功率放大电路，虽然管耗小，有利于提高效率，但存在严重的失真，会使输入信号的半周被消掉。但若采用两个导电性相反的管子，使它们都工作在乙类放大状态，一个在正半周工作，一个在负半周工作，同时把两个输出波形加到负载上，在负载上得到完整的输出波形，这样就解决了效率与失真的矛盾。由于两只晶体管工作特性对称，互补对方不足，故称为互补对称功率放大电路。

1. OTL 电路

OTL 电路是没有变压器的功率放大电路，该电路是一个单电源供电电路。电路如图 4-15 所示。

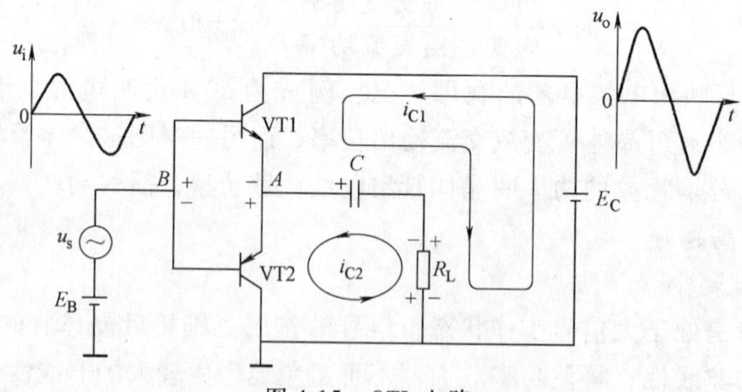

图 4-15　OTL 电路

静态时，由于电路结构对称，所以 $U_A = 1/2E_C$，因两管均无偏置，两管均处于截止状态，静态电流为 0，工作在乙类状态。

有信号输入时，两晶体管交替工作

u_i 正半周：瞬时极性基极为正，发射极为负，形成 i_{C1}（逆时针）

VT1 导通　C 充电，极性左正右负，$U_C=\frac{1}{2}E_C$　R_L 上正下负。

VT2 截止

u_i 负半周：瞬时极性基极为负，发射极为正

VT1 截止　C 作为电源，C 放电

VT2 导通　形成 i_{C2}（逆时针），R_L 极性上负下正

结论：i_{C1} 与 i_{C2} 流经 R_L 方向相反，R_L 可获得较完整的正弦波，实现了信号的功率放大。

在 OTL 电路中常采用复合管作为功放管，复合管又称达林顿管，它采用复合连接方式，将两只晶体管适当的连接在一起，以组成一只等效的新的晶体管，极性只认前面的晶体管。等效晶体管的放大倍数是两个晶体管放大倍数的乘积。

达林顿管有四种接法：NPN + NPN、NPN + PNP、PNP + PNP、PNP + NPN，如图 4-16 所示。

前两种是同极性接法，后两种是异极性接法。将前一级 VT1 的输出接到下一级 VT2 的基极，两级管子共同构成了复合管。另外，为避免后级 VT2 管子导通时，影响前级管子 VT1 的动态范围，VT1 的 CE 不能接到 VT2 的 BE 之间，必须接到 CB 间。

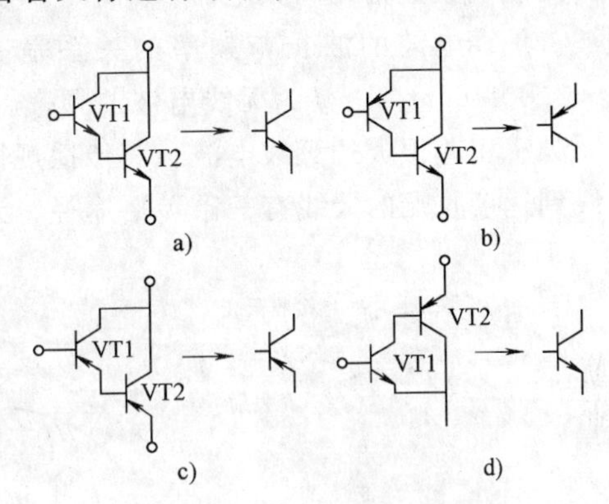

图 4-16　达林顿管的四种接法

2. OCL 电路

OCL 电路它是由参数相同的 NPN 型和 PNP 型晶体管组成互补对称式推挽功率放大电路。电路如图 4-17 所示。其中功放管 VT1、VT2 是一对互补管。双电源 $E_{C1}=E_{C2}=E_C$。

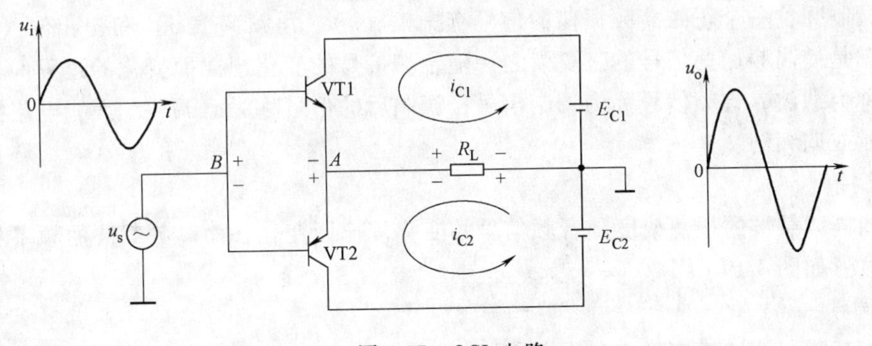

图 4-17　OCL 电路

无信号输入时，中点电压为 $U_A=0$，VT1、VT2 处于乙类状态。

有信号输入时：两晶体管交替工作。

u_i 正半周：瞬时极性基极为正，发射极为负

VT1 导通—形成 i_{C1}（逆时针），R_L 左正右负

VT2 截止

u_i 半周：瞬时极性基极为负，发射极为正

项目四

VT1 截止

VT2 导通　形成 i_{C2}（逆时针），R_L 左负右正

结论：i_{C1} 与 i_{C2} 流经 R_L 方向相反，R_L 可获得较完整的正弦波，实现了信号的功率放大。

二、无线电广播的发送与接收

(一) 无线电波

无线电波是指在高频电流作用下，导线周围的电场和磁场交替变化向四周传播能量的电磁波。无线电波的波长与频率的关系是：$\lambda = c/f$，λ 为波长，c 为无线电波的传播速度（$c = 3.0\times10^8$m/s），f 为无线电波的频率。

频率相差很大的无线电波，其传播规律也不同，应用也不同。一般无线电波从发射端的天线到达接收端的天线有三条传播途径，天波、地波、空间波，如图 4-18 所示。

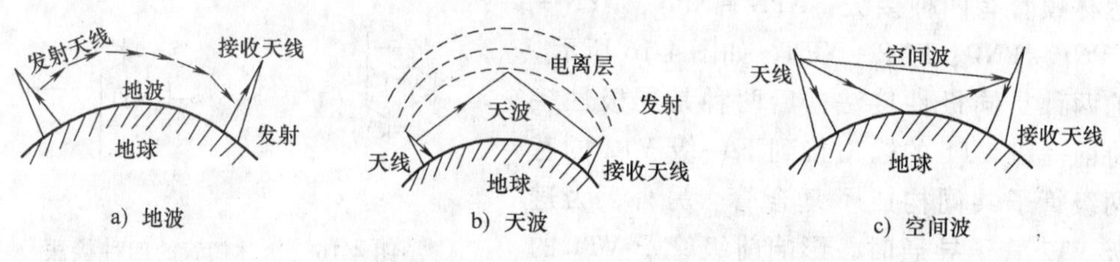

图 4-18　无线电波的传播方式

(二) 无线电广播的发送

无线电广播利用无线电波来传递语言或音乐信号。语言和音乐的频率较低，通常在 50Hz ~ 15kHz，在实际传送中必须采用调制的方法。

1. 调制

调制是把音频信号装载到高频载波上，以解决低频信号直接发射存在的问题。那么究竟如何实现调制呢？一个正弦高频振荡的信号有振幅（u）、角频率（ω）和初相位（θ）三个要素，调制是使高频振荡信号的三要素之一随音频信号的变化规律而变化的过程。其中高频振荡信号称为载波，音频信号称为调制信号，调制后的信号称为已调波。无线电广播中一般采用调幅制或调频制。

(1) 调幅

调幅指高频载波的振荡幅度随音频信号的变化规律而变化，而高频载波的频率和初相位不变，其波形如图 4-19 所示。

(2) 调频

调频指高频载波的频率随音频信号的变化规律而变化，而高频载波的幅度和初相位不变，其波形如图 4-20 所示。

(3) 无线电广播的基本原理

图 4-21 为无线电广播的发射机框图。声音经受话器转换为音频信号，经音频放大器放大后送入调制器，高频振荡器产生等幅高频振荡信号作为载波送入调制器。调制器用音频信号对载波进行幅度（或频率）调制，形成调幅（或调频）波，再经高频功率放大器放大后送入发射天线向空间发射。

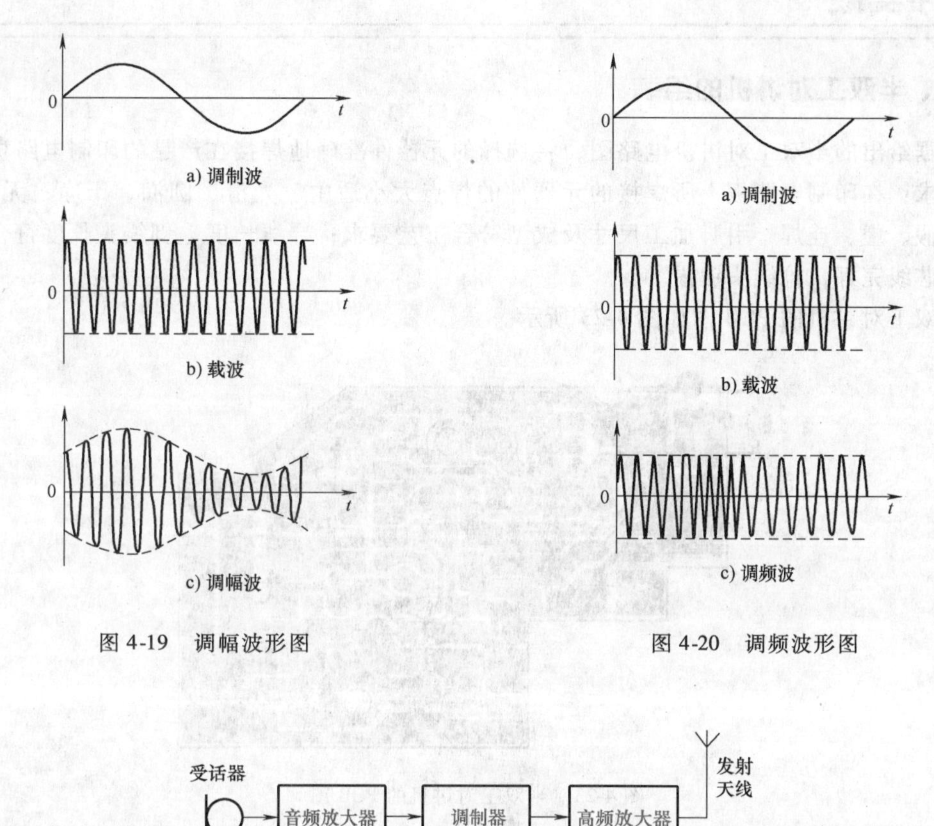

图 4-19 调幅波形图

图 4-20 调频波形图

图 4-21 无线电广播的发射机框图

（三）无线电广播的接收

无线电广播的接收过程是无线电发射的逆过程，其框图如 4-22 所示。

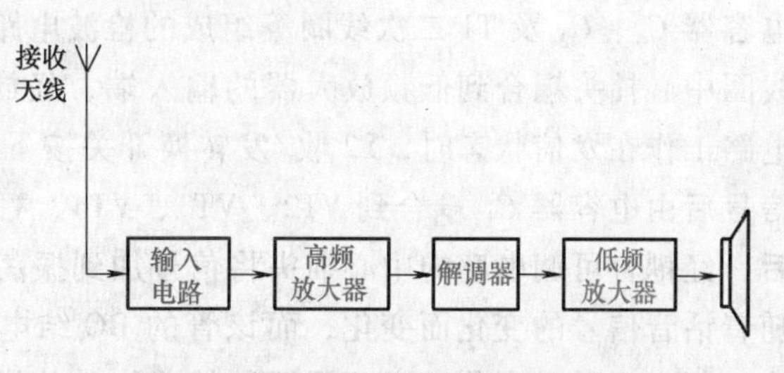

图 4-22 无线电广播的接收机框图

在接收端，接收天线把无线电波接收下来，输入到调谐回路，并从中选择出所要接收的电台信号，经过高频放大器放大后送入解调器。解调是从高频已调波信号中取出调制信号的过程。对不同的调制方式，解调分为检波和鉴频两种。检波是从高频调幅波中取出低频调制信号的过程，是对应于调幅的解调。鉴频是从高频调频波中取出低频调制信号的过程，实现鉴频的电路称为鉴频器。图 4-22 中的解调器是检波器和鉴频器的总称，作用是解调出低频信号（音频信号）。解调出的音频信号经低频放大器放大后，推动扬声器放出声音。

※动手实践※

一、半双工对讲机的组装

根据给出的半双工对讲机电路图，将选择的元器件准确地焊接在产品的印制电路板上。

要求：在印制电路板上所焊接的元器件的焊点大小适中、光滑、圆润、干净，无毛刺；无漏、假、虚、连焊，引脚加工尺寸及成型符合工艺要求；导线长度、剥线头长度符合工艺要求，芯线完好，捻线头镀锡。

半双工对讲机的PCB图如图4-23所示。

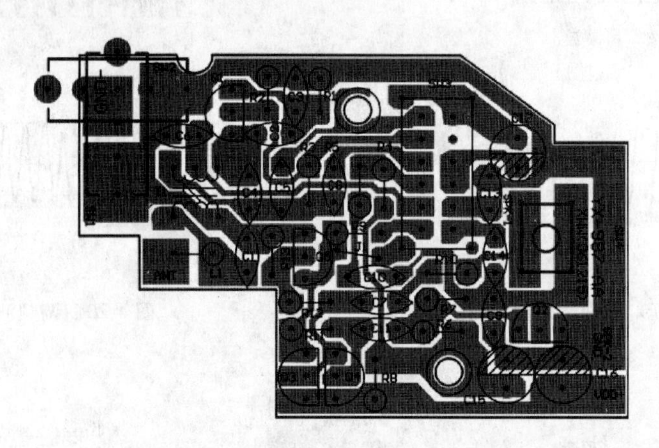

图4-23 半双工对讲机的PCB图

（一）半双工对讲机的工作原理

晶体管VT1和耦合可调电感线圈T1、电容器C_4、C_2等组成振荡电路，产生频率约为49.8MHz的载频信号。VT2、VT3、VT4、VT5和相关电阻电容等组成低频放大电路。扬声器B兼作受话器使用。电路工作在接收状态时，将收/发转换开关置于“接收”位置（默认状态为接收），从天线ANT1接收到的信号经天线匹配电感L_1、再经可调耦合电感线圈T1、电容器C_4、C_2及T1二次线圈等组成的检波电路进行检波。检波后的音频信号，经T1二次线圈中心抽头耦合到低频放大器的输入端，经放大后由电容器C_{17}耦合推动扬声器B发声。电路工作在发信状态时，S2收/发转换开关按下置于“发信”位置，由扬声器将话音变成电信号后由电容器C_{17}耦合到VT2、VT3、VT4、VT5和相关电阻电容等组成低频放大电路放大后，经耦合可调电感的中心抽头将信号加到振荡管VT1进行信号调制，使该管的BC结电容随着话音信号的变化而变化，而该管的BC结电容是并联在T1二次侧两端的，所以振荡电路的频率也随之变化，实现了调制的功能，并将已调波经T1及L_1从天线发射出去。

（二）半双工对讲机的安装步骤

拿到套件后，首先认真阅读说明书，把所有的元器件放到一个容器中，电阻器、电容器等器件很小，要认真识别参数，防止丢失。用手拿电路板时请拿边，不要拿面，防止因手的灰尘使电路板氧化。

所有的元器件以立式插装，较紧贴电路板，不要插的过高。电解电容器、晶体管插装时注意极性。焊接好的元器件不要折断了，立式放置。电路板上短接线 J1 用焊接电阻后剪下的金属线代替，还需一金属线把拨动开关的上端与电路板上（SW1）处连接起来。套件中 6 条导线，分别按如下连接方式接入电路中：

1）120mm 长的导线：电池负极到电路板（GND -）处；

2）100mm 长的导线：电池正极到电路板（VDD +）处；

3）2 根 80mm 长的导线：扬声器的两端到电路板（SPK2）处；

4）2 根 50mm 长的导线：一根是天线接线耳到 L_1 的一端；一根是拨动开关中间端到电路板（SW2）处。

把天线黑色套管旋转装到弹簧天线上，用螺钉将接线耳与弹簧天线固定在塑料前壳中，并焊接导线与电路板上 L_1 处。

半双工对讲机的安装步骤见表 4-6。

表 4-6 半双工对讲机的安装步骤

安装步骤	安装元器件	安装规范及注意事项
第一步	电阻 $R_1 \sim R_{13}$	立式插装，紧贴电路板，注意色环方向尽量一致
第二步	短接线 J1	可用焊接电阻器后剪下多余的金属线
第三步	瓷片电容 $C_1 \sim C_{14}$	立式安装，距焊板高度为 3mm，注意标示方向尽量一致
第四步	电解电容 $C_{15} \sim C_{17}$	立式安装，距焊板高度为 3mm，注意正负极
第五步	晶体管 VT1 ~ VT5	晶体管立式安装，距焊板高度为 3mm，晶体管高度要一致。注意电极之间不要短路
第六步	色码电感 L_1	立式安装，紧贴焊板放置
第七步	可调电感 T1	立式安装，紧贴焊板放置
第八步	复位开关 S2	立式安装，紧贴焊板放置
第九步	扬声器	焊好导线后，扬声器的两端到电路板（SPK2）处
第十步	拨动开关 S1	焊好导线后，拨动开关中间端到电路板（SW2）处、拨动开关的上端与电路板上（SW1）处连
第十一步	电池片安装	电池负极到电路板（GND -）处；电池正极到电路板（V_{DD} +）处
第十二步	天线安装	天线接线耳到 L_1 的一端
第十三步	拨动开关和复位塑料旋钮安装	
第十四步	面壳装饰	
第十五步	电路板用螺钉固定	

二、半双工对讲机的调试

套件焊接完后，认真检查无错误后，可接入 9V 叠层电池，旋转拨动开关，可以使电路通电工作，不按下复位按钮，电路处于“接收”状态，扬声器起“电”转化为“声”的作用，可以听到“丝丝”的声音；把另外一套的复位按钮按下，使其工作在“发信”状态，这时扬声器起“声”转化为“电”的作用，把 2 套的对讲机的天线平行靠近，用无感螺钉旋具轻轻微调可调电感 T1 的磁心，使接收机的“嘟嘟”啸叫声最大，即两者的发射、接收频率一致。然后，2套互换按同样的方式微调可调电感 T1 的磁心，保证两者的发射、接收频率一致。这样的过程要相互微调几次（包括拉开距离调试），保证2套之间对讲距离最远，声音最清晰。调试过程如图4-24所示。

图4-24　半双工对讲机的调试

调试成功后，装好“拨动开关塑料旋钮”和“复位开关塑料钮”，用2颗螺钉固定电路板于前壳中，清理好导线，用5颗螺钉将前、后盖固定。

使用时，打开电池盒盖，装上9V电池，旋转拨动开关钮，可以让电路通电工作，平时电路是处于“接收”状态，按下复位按钮，电路处于“发信”状态。

如果安装后，通电没有“丝丝”的声音，请认真检查电源线、扬声器线、元器件等有没有错焊、短路等故障，检查一定要细心。

三、评价标准

根据给出的半双工对讲机电路图，把选取的电子元器件及功能部件正确地装配在产品的印制电路板上。

要求：元器件焊接安装无错漏，元器件、导线安装及元器件上字符标示方向均应符合工艺要求；电路板上插件位置正确；电路板和元器件无烫伤和划伤处，整机清洁无污物。

电子产品电路装配可按下面标准分级评价，见表4-7所示。

表4-7　电子产品电路装配评价标准

评价等级	评价标准
A级	能实现电路发送与接收功能，焊接安装无错漏，电路板插件位置正确，元器件极性正确，安装可靠牢固，电路板安装对位；整机清洁无污物
B级	能实现电路发送与接收功能，元器件均已焊接在电路板上，元器件、导线安装及字标方向未符合工艺要求（3处以下）；或2处以下出现烫伤和划伤处，有污物
C级	元器件均已焊接在电路板上，但出现错误的焊接安装（4～5个）元器件或元器件极性不正确；或元器件、导线安装及字标方向未符合工艺要求；4～5处出现烫伤和划伤处，有污物
D级	有缺少元器件现象；5个以上元器件位置不正确或元器件极性不正确、元器件导线安装及字标方向未符合工艺要求；或4处以上出现烫伤和划伤处，有污物或有焊盘脱落现象

项目四

四、半双工对讲机的检测

（一）半双工对讲机的检测步骤

1. 检测电路中是否有漏焊元器件 □是 □否
2. 检测电路中是否有元器件安装错位 □是 □否
3. 检测电路中是否有短路现象 □是 □否
4. 检测晶体管的三个电极是否接错 □是 □否
5. 检测电解电容极性是否接反 □是 □否
6. 检测扬声器正、负极是否接错，有没有接到电路中指定位置 □是 □否
7. 检测复位开关、拨动开关是否接在指定位置 □是 □否
8. 检测电池片正、负极与电路正、负极是否相符合 □是 □否

（二）半双工对讲机的检测点

1. 测量电源电压 V_{CC}。
2. 测量拨动开关是否能正常工作。
3. 测量晶体管 VT1 的基极电压、集电极电压、发射极电压分别是__________、__________、__________。

半双工对讲机电路检测评价标准见表 4-8。

表 4-8 电路检测评价标准

评价等级	评 价 标 准
A 级	能准确使用万用表量程测量电压，测量数值准确，电路效果好，接收距离在 20m 以上
B 级	能测量各参考点电压，电路达到效果，接收距离在 10m 以上
C 级	能自行修复错误电路，经修改电路能达到效果，接收距离在 5m 以内
D 级	虽进行修复，但电路没有达到效果

※思考与练习※

1. 判断图 4-25 中的达林顿管是哪种晶体管？
2. 简述功率放大电路的特点。
3. 无线电波的传播途径有几种方式？
4. 频率为 1500kHz 的无线电波，波长为多少 m？
5. 中央人民广播电台第一套节目频率是 540kHz，请问 540kHz 是指它的__________频率。
6. 利用书籍或网络查询调幅广播的中波频率是__________，调频广播的中波频率是__________。

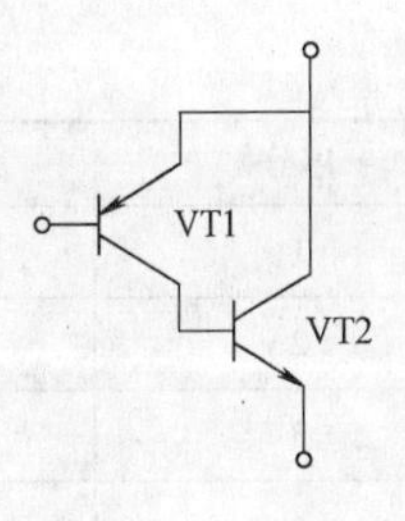

图 4-25 达林顿管

※项目扩展※

56DZ-2 型 USB 花仙子音箱的制作

一、电路图

56DZ-2 型 USB 花仙子音箱的电路图和实物图如图 4-26 所示。

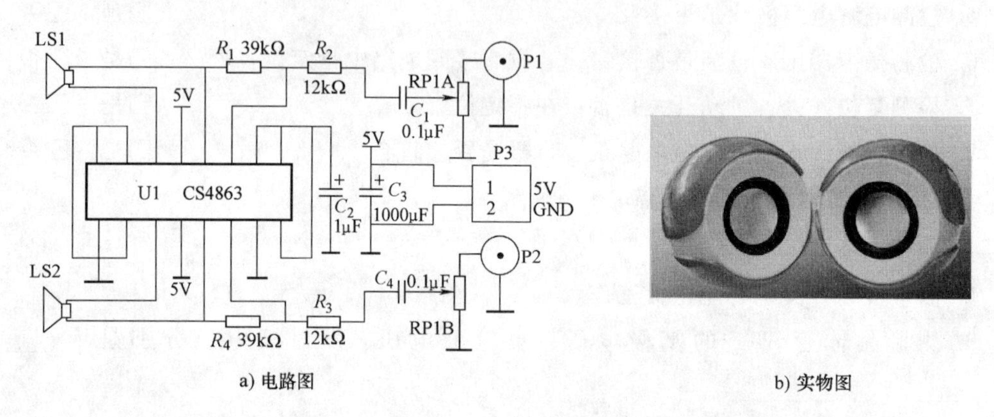

a) 电路图　　b) 实物图

图 4-26　56DZ-2 型 USB 花仙子音箱的电路图和实物图

花仙子音箱制作成功后可以直接供电脑使用，电源由 USB 接口直接供电，输出立体声左右声道信号。

二、56DZ-2 型 USB 花仙子音箱的工作原理

通过音频线将 MP3、手机、电脑等设备的左、右两路音频信号输入到立体声盘式电位器的输入端，2 路音频信号再分别经过 C_1、R_2、C_4、R_3 耦合到功率放大集成电路 CS4863 的输入端 11、6 脚，U1（CS4863）为低电压 AB 类 2.2W 立体声音频功放 IC，U1 对音频功率放大后由 12、14 脚输出左声道音频信号，3、5 脚输出右声道音频信号，然后推动两路扬声器工作。R_1 和 R_4 为反馈电阻。8、9 脚为中点电压（2.5V），C_2 为中点电压滤波电容。C_3 为电源滤波电容。

三、56DZ-2 型 USB 花仙子音箱的元器件清单

56DZ-2 型 USB 花仙子音箱的元器件清单见表 4-9。

表 4-9　56DZ-2 型 USB 花仙子音箱的元器件清单

序号	符号	名称	规格	数量
1	R_1、R_4	贴片电阻 0805	39kΩ	2
2	R_2、R_3	贴片电阻 0805	12kΩ	2
3	C_3	铝电解电容	1000μF	1
4	C_2	铝电解电容	1μF	1

（续）

序号	符号	名称	规格	数量
5	C_1、C_4	贴片电容 0805	0. 1μF	2
6	$RP1$	双联电位器	50kΩ	1
7	U1	集成电路	CS4863	1
8		主音箱后盖		1
9		副音箱后盖		1
10		音箱前盖		2
11		装饰板(上)		2
12		装饰板(下)		2
13		小螺钉	PA2 ×6	8
14		带垫自攻螺钉	PWA2. 6 ×7 ×8	10
15		副音箱扬声器线		1
16	LS1、LS2	扬声器	4Ω、3W	2
17		输入及供电线		1

项目五 模拟式温度控制器的制作

※项目描述※

随着生活质量不断提高，人们对建筑中室内温度的控制要求也随之提高。以前温度控制主要利用机械通风设备进行室内、外空气的交换来达到降低室内温度，使温度适宜人们生活。通风设备的开启和关停，均是由人手动控制的，消耗人们体力，劳动成本过高。为此，需要有一种符合机械温控要求的低成本控制器，在温差和湿度超过用户设定值范围时，起动制冷通风设备，否则自动关闭制冷通风设备。鉴于目前大多数制冷设备状况，本项目主要利用单片机、温度传感器、模数转换器等元器件，制作了一款简易的模拟式温度控制器，能够实时检测并显示室温。

图 5-1　模拟式温度控制器实物图

模拟式温度控制器实物图如图 5-1 所示。

※项目目标※

知识目标：

1. 掌握单片机的最小系统的工作原理。
2. 理解单片机基本输入、输出系统的工作原理。
3. 了解常见温度传感器的类型。

能力目标：

1. 能够正确识别单片机的最小系统。
2. 能够正确识读温度控制电路图。
3. 能够根据装配图正确组装温度控制电路。
4. 会对单片机控制的温度控制电路出现的故障进行排查。

素养目标：

1. 培养学生在未来工作中的安全意识。
2. 培养学生建立成本核算意识。
3. 培养学生规范操作，养成良好职业习惯。

项目五

※项目分析※

本项目在制作过程中通过电路图识读、元器件检测和模拟式温度控制器组装与调试三个任务，最终让学生掌握单片机最小系统的工作原理，能正确识读温度控制器电路，了解单片机控制程序。模拟式温度控制器的制作流程如图 5-2 所示。

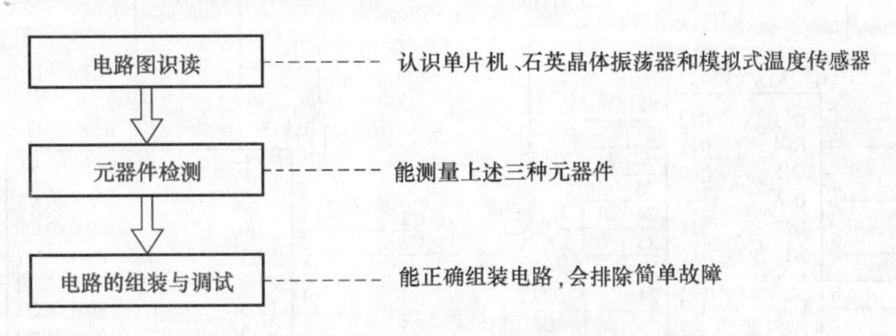

图 5-2　模拟式温度控制器的制作流程

任务一　模拟式温度控制器电路图的识读

一、识读模拟式温度控制器电路图

模拟式温度控制器电路图如图 5-3 所示。

模拟式温度控制器电路接通电源后，可以看到当前室内温度值。

二、认识模拟式温度控制器电路中的元器件

（一）认识模拟式温度传感器 AD590

在本项目中使用的温度传感器是 AD590，它是 AD 公司利用 PN 结正向电流与温度的关系制成的电流输出型两端温度传感器。AD590 是电流输出型集成温度传感器，国内同类产品型号为 SG590。实际应用中通过对电流的测量即可得到相应的温度数值。AD590 后缀以 I、J、K、L、M 表示，实质上指特性不同和测量温度范围不同。其实物及图形符号如图 5-4 所示。

（二）认识石英晶体振荡器

石英晶体振荡器也称为石英谐振器，它是利用石英的压电特性而按照特殊切割方式制成的一种电谐振元件。它的优点是体积小、稳定性好、品质因数高。石英晶体振荡器元件的封装有金属壳封装型、玻璃真空密封型、陶瓷外壳封装及塑料外壳封装等。常见的石英晶体振荡器实物图和图形符号如图 5-5 所示。

（三）认识单片机

单片机是一种集成电路芯片，是采用超大规模集成电路技术把具有数据处理能力的中央处理器 CPU、随机存储器 RAM、只读存储器 ROM、多种 I/O 口和中断系统、定时器/计数器等功能（可能还包括显示驱动电路、脉宽调制电路、模拟多路转换器、A/D 转换器等电路）集成到一块硅片上构成的一个小而完善的微型计算机系统，在工业控制领域广泛应用。

从20世纪80年代，由当时的4位、8位单片机，发展到现在的高速单片机。常见单片机生产厂家及主要机型见表5-1。

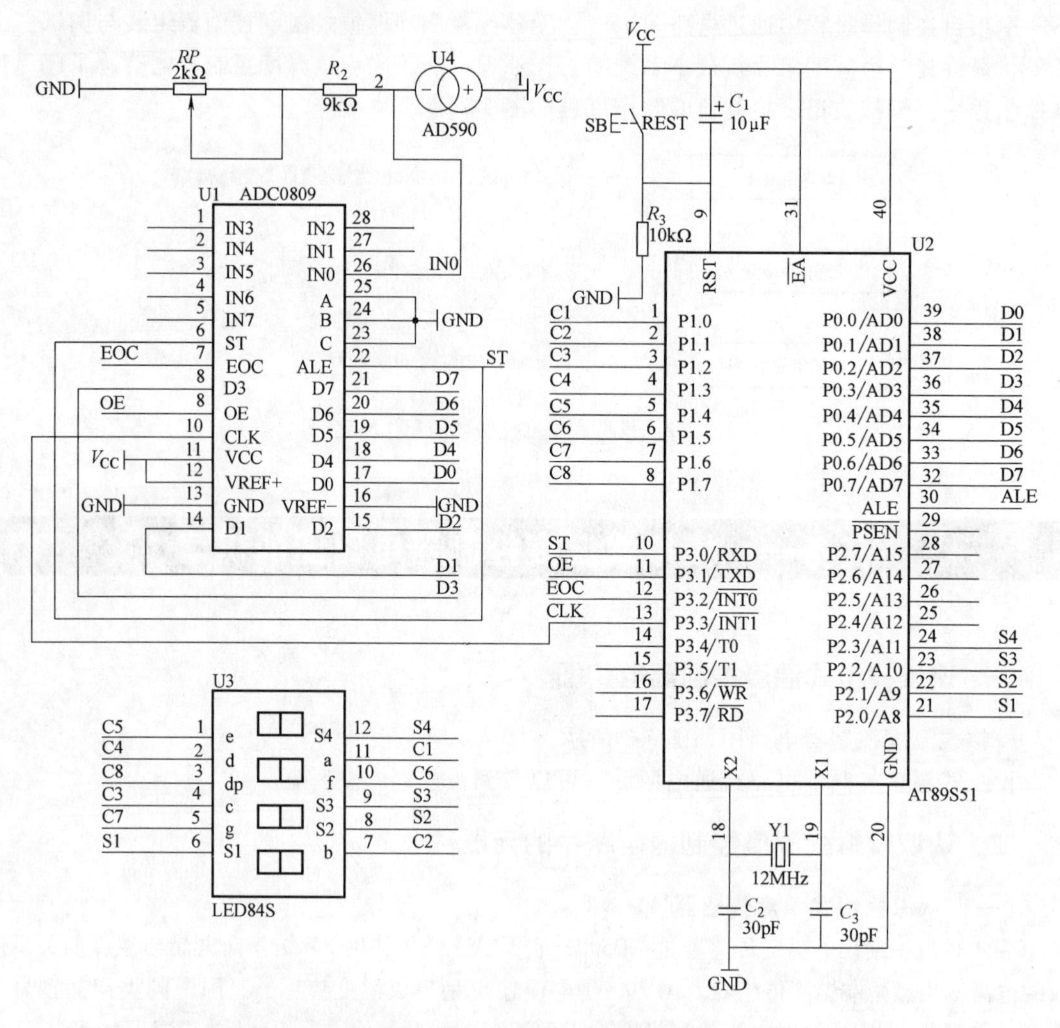

图5-3 模拟式温度控制器电路图

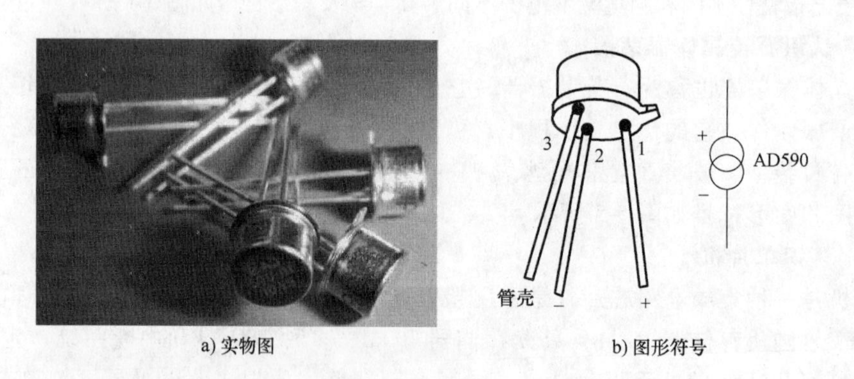

a) 实物图　　b) 图形符号

图5-4 AD590实物图及图形符号

a) 实物图　　　　b) 图形符号

图 5-5　石英晶体振荡器实物图及图形符号

表 5-1　常见单片机生产厂家及主要机型

生产厂家	主要机型	实物图
MICROCHIP 公司	16C 系列	
ATMEL 公司	AT89、AT90 两个系列	
SST 公司	SST89 系列	
飞思卡尔公司	68HC08,68HC05	

常见的单片机的图形符号如图 5-6 所示。

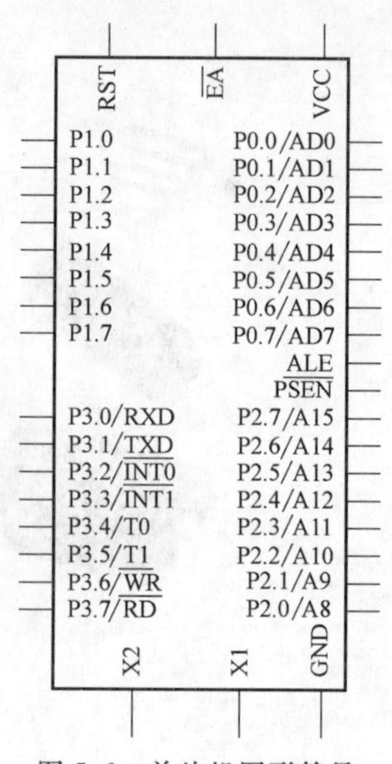

图 5-6　单片机图形符号

（四）A/D 转换器（ADC0809）

模数转换器即 A/D 转换器，或简称 ADC，通常是指一个将模拟信号转变为数字信号的电子元件。通常的模/数转换器是将一个输入电压信号转换为一个输出的数字信号。由于数字信号本身不具有实际意义，仅仅表示一个相对大小。故任何一个模/数转换器都需要一个参考模拟量作为转换的标准，比较常见的参考标准为最大的可转换信号大小。而输出的数字量则表示输入信号相对于参考信号的大小。ADC0809 是带有 8 位 A/D 转换器、8 路多路开关以及微处理机兼容的控制逻辑的 CMOS 组件。它是逐次逼近式 A/D 转换器，可以和单片机直接接口。常见的模/数转换器的实物图及图形符号如图 5-7 所示。

（五）认识四位 LED 数码管

LED 数码管也称半导体数码管，它是将若干发光二极管按一定图形排列并封装在一起的最常用的数码显示器件之一。LED 数码管具有发光显示清晰、响应速度快、耗电省、体积小、寿命长、耐冲击、易与各种驱动电路连接等优点，在各种数显仪器仪表、数字控制设备中得到广泛应用。

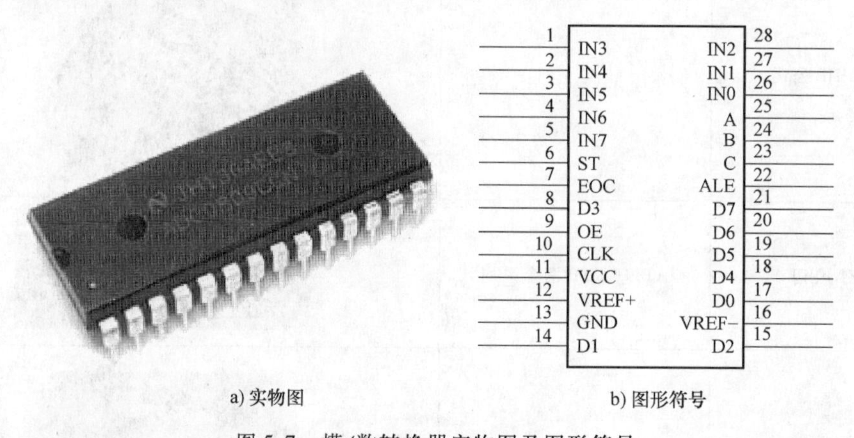

a) 实物图　　b) 图形符号

图 5-7　模/数转换器实物图及图形符号

四位数码管内部的 4 个数码管共用 a ~ dp 这 8 根数据线，为人们的使用提供了方便，因为里面有 4 个数码管，所以它有 4 个公共端，加上 a ~ dp，共有 12 个引脚，共阴极的四位数码管如图 5-8 所示。

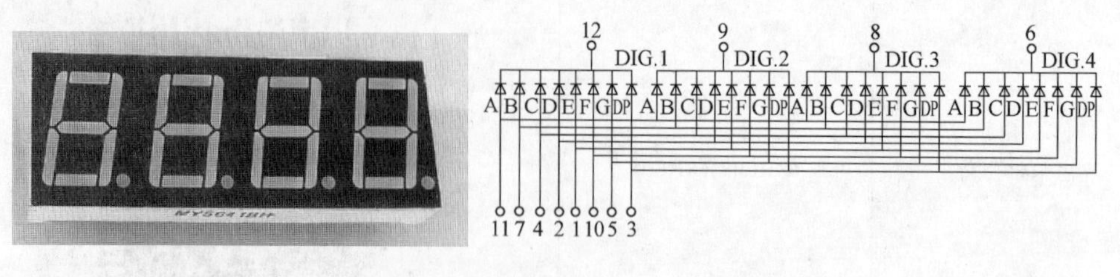

a) 实物图　　b) 内部结构图

图 5-8　共阴极的四位数码管

三、识读模拟式温度控制器框图

模拟式温度控制器框图如图 5-9 所示。

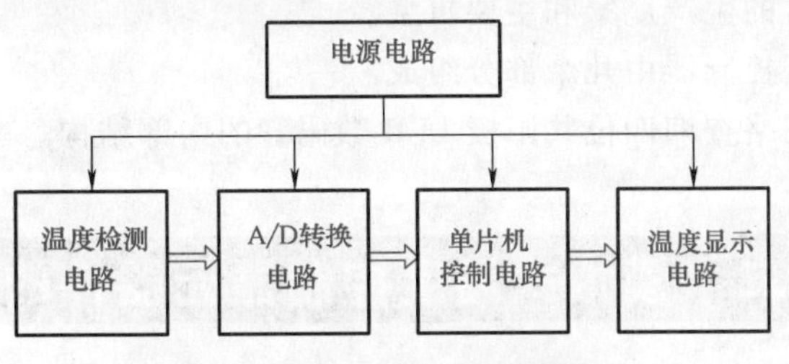

图 5-9　模拟式温度控制器框图

四、 模拟式温度控制器框图与电路图的对应关系

模拟式温度控制器框图与电路图的对应关系如图 5-10 所示。

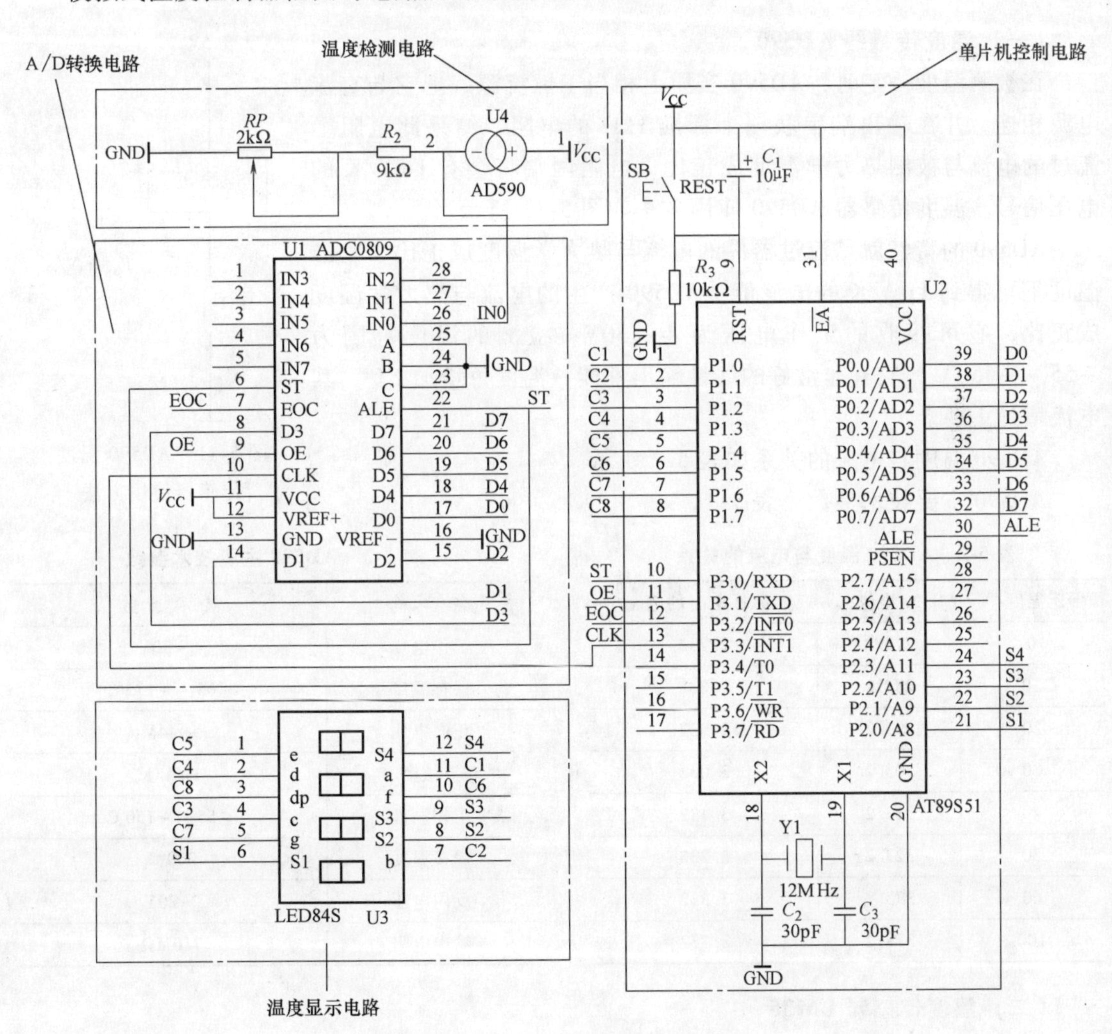

图 5-10　模拟式温度控制器框图与电路图的对应关系

※思考与练习※

1. 画出石英晶体振荡器和温度传感器的图形符号。
2. 说说常见单片机的生产厂家和主要机型。
3. 请简述模拟温度控制器由几个部分组成。
4. 请利用书籍或网络查询四位共阳极 LED 数码管的内部结构。

任务二 模拟式温度控制器元器件的检测

※知识准备※

一、常见温度传感器及检测方法

（一）温度传感器 AD590

在被测温度一定时，AD590 实质上相当于恒流源，把它与直流电源相连，并在输出端串联一个标准 1kΩ 的电阻，结果此电阻上流过的电流与被测热力学温度成正比，电阻两端将会有 1mV/K 的电压信号。温度传感器 AD590 使用方法如图 5-11 所示。

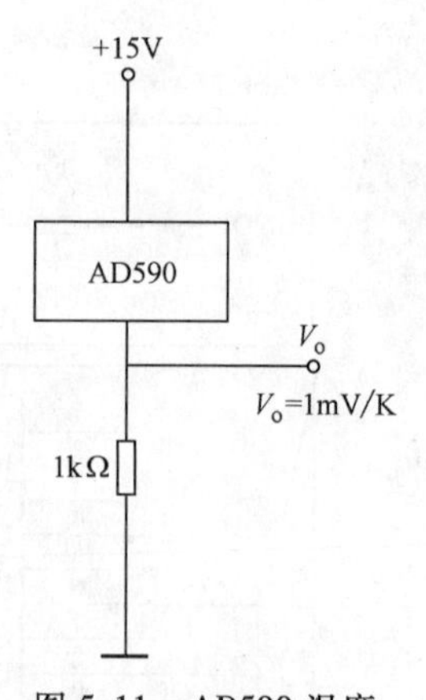

图 5-11 AD590 温度传感器使用方法

AD590 的特性就是流过器件的电流与热力学温度成正比，基准温度下可得到 1μA/K 的电流值。AD590 产生的电流与热力学温度成正比，它可接收的工作电压为 4～30V，检测的温度范围为 －55～＋150℃，它有非常好的线性输出性能，温度每增加 1℃，其电流增加 1μA。

AD590 温度与电流的关系如表 5-2 所示。

AD590 主要技术参数见表 5-3。

表 5-2 AD590 温度与电流的关系

摄氏温度/℃	AD590 电流/μA	经 10kΩ 电阻的电压/V
0	273.2	2.732
10	283.2	2.832
20	293.2	2.932
30	303.2	3.032
40	313.2	3.132
50	323.2	3.232
60	333.2	3.332
100	373.2	3.732

表 5-3 AD590 主要技术参数

名　称	技术参数
工作电压	4～30V
保存温度	－65～＋175℃
正向电压	＋44V
灵敏度	1μA/K
工作温度	－55～＋150℃
焊接温度	300℃
反向电压	－20V
输出电阻	710MΩ

（二）温度传感器 LM35

LM35 集成温度传感器是一种把温度传感器和放大器集成在一个硅片中形成的集成型温

度传感器。LM35 的输出电压与摄氏温度成比例关系。0℃时输出电压为 0V，每升高 1℃输出电压增加 10mV，温度与输出电压一一对应，使用非常方便。LM35 的精确度可达 ±0.25℃。LM35 温度传感器不同的型号具有不同的测量范围，例如：LM35A 的测量范围为 -55 ~ +150℃；LM35D 的测量范围为 0 ~ 100℃。LM35 电流与温度关系曲线如图 5-12 所示。

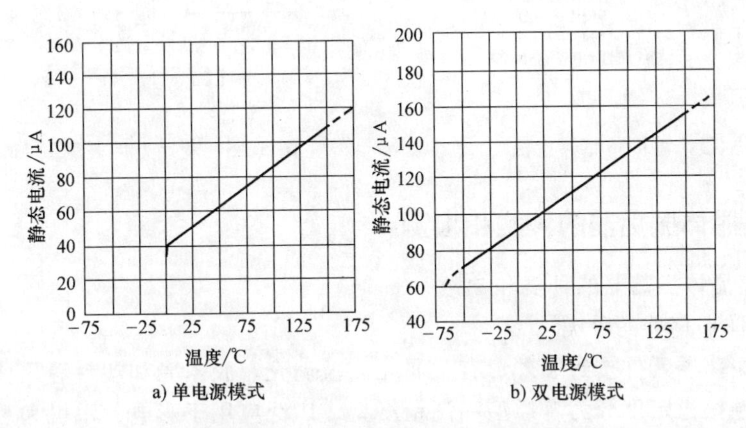

a) 单电源模式　　b) 双电源模式

图 5-12　LM35 电流与温度关系曲线

1. LM35 的引脚

LM35 引脚识别方法是，引脚向下，文字面面向自己，从左向右分别为电源、输出和接地，其引脚功能说明见表 5-4。

表 5-4　LM35 引脚功能说明

LM35 引脚图	引脚序号	引脚名称	引脚功能
1 2 3	1 脚	$+V_S$	电源正极
	2 脚	V_{OUT}	输出
	3 脚	GND	地

2. LM35 的连接方法

LM35 温度传感器在电路中通常有两种接法。

（1）基本摄氏温度传感器接法

如图 5-13 所示。

（2）满量程摄氏温度传感器接法

如图 5-14 所示。

3. 测量 LM35 输出电压

利用万用表测量 LM35 温度传感器，并获得温度数值，万用表接法如图 5-15 所示。万用表调节到直流电压档，红色表笔接 LM35 温度传感器的 2 脚，黑色表笔接 LM35 温度传感器的 3 脚。万用表所读数值就是 LM35 温度传感器的输出电压，如图 5-15 所示。

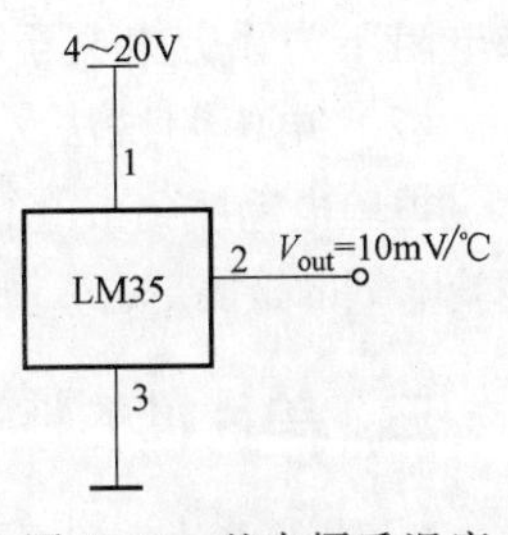

图 5-13　基本摄氏温度传感器接法

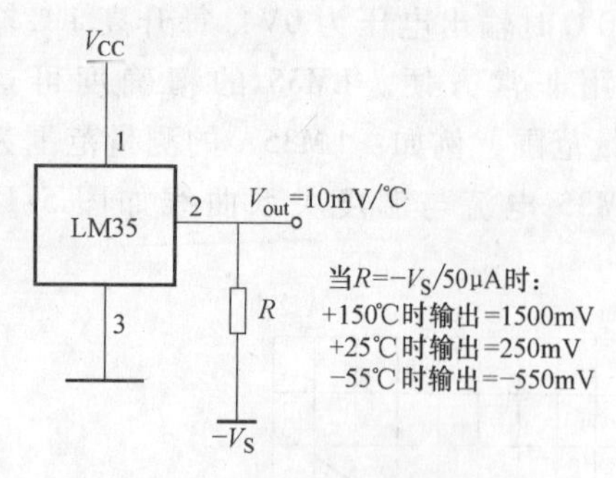

图 5-14　基本摄氏温度传感器接法

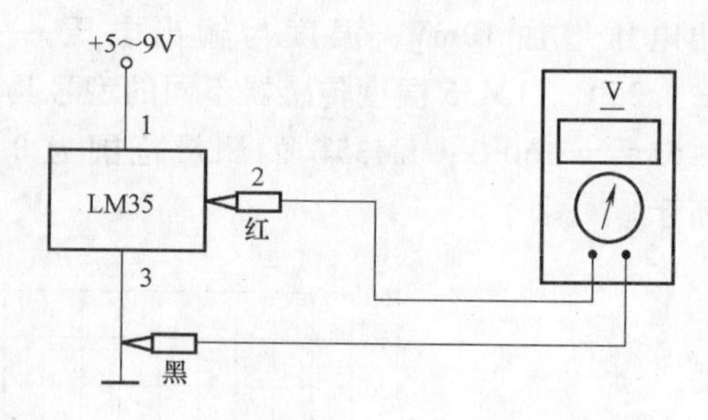

图 5-15　利用万用表测量 LM35 温度传感器

二、石英晶体振荡器的种类和检测

（一）石英晶体振荡器的种类和参数

1. 石英晶体振荡器的种类

石英晶体振荡器元件按封装外形有金属壳、玻璃壳、胶木壳和塑封等几种，按石英晶体振荡器元件的频率稳定度分为普通型和高精度型，广泛应用于彩电、手机和手表等。

2. 石英晶体振荡器的主要参数

（1）标称频率

在石英晶体振荡器的表面标注有该频率，当电路工作在该频率时，其稳定性最高。

（2）负载电容

负载电容是指从晶振的插脚两端向振荡电路的方向看进去的等效电容。

（二）石英晶体振荡器的命名

国产石英晶体振荡器的型号命名由三部分组成。

第一部分用字母表示外壳材料及形状，如用 B 表示玻璃外壳，J 表示金属外壳，S 表示塑料外壳。

第二部分用字母表示晶体片的切割方向。

第三部分用数字表示石英晶体振荡器元件的主要性能参数和外形尺寸。

（三）石英晶体振荡器的检测

在维修过程中通常是用替换法来判断石英晶体振荡器的好坏，也可以用以下两种方法进行判断。

（1）电阻法

把万用表置于 $R\times10k$ 档，测量石英晶体振荡器两引脚间的电阻值，正常为无穷大。如果电阻不为无穷大甚至出现电阻值为零，说明石英晶体振荡器损坏。

（2）电笔测试法

把验电笔插到市电的相线孔内，用手捏住石英晶体振荡器的任意一只引脚，将另一只引脚触碰验电笔的金属部分。如果验电笔氖管发光，说明石英晶体振荡器是好的；否则，说明其损坏。

三、单片机的特性

1. 认识单片机的引脚

8051 单片机采用 40 引脚双列直插封装形式，部分引脚具有第二功能，引脚图见

图5-16。

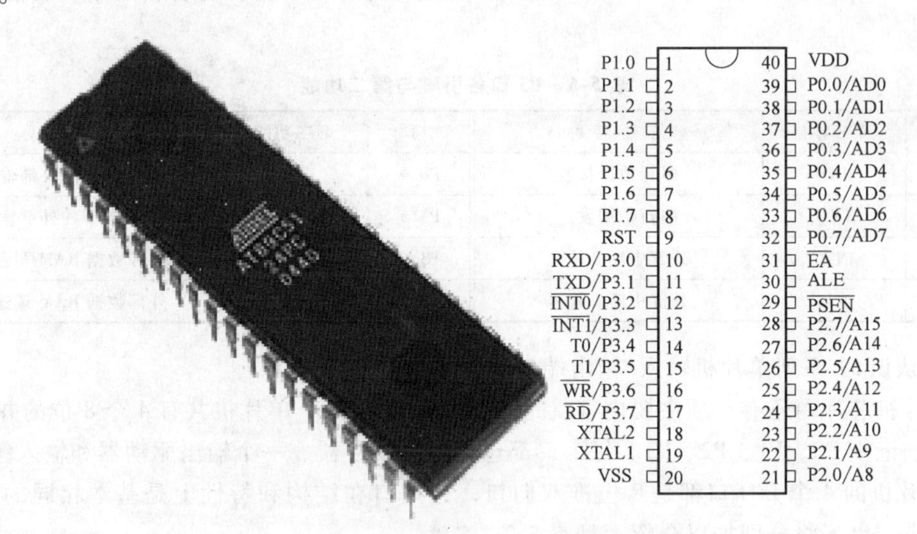

图 5-16　8051 单片机引脚图

8051 单片机 40 只引脚的定义及功能介绍，见表 5-5。

表 5-5　单片机引脚定义及功能介绍

序号	引脚序号	引脚名称	引脚作用
1	1 ~ 8	P1.0 ~ P1.7 输入/输出口	P1 口是一个带有内部上拉电阻的 8 位准双向 I/O 口
2	9	RST 复位信号	当输入的复位信号延续两个机器周期以上的高电平时即为有效，用以完成单片机的复位初始化操作
3	10 ~ 17	P3.0 ~ P3.7 输入/输出口	P3 口是一个带有内部上拉电阻的 8 位准双向 I/O 口，它具有第二功能
4	18、19	XTAL2、XTAL1 外接晶体引线端	当使用芯片内部时钟时，此引线端用于外接石英晶体振荡器和微调电容；当使用外部时钟时，用于接外部时钟脉冲信号
5	20	VSS	接地端
6	21 ~ 28	P2.0 ~ P2.7 输入/输出口	P2 口是一个带有内部上拉电阻的 8 位准双向 I/O 口
7	29	$\overline{PSEN}$ 外部程序存储器 读选通信号	在读外部 ROM 时，有效（低电平），以实现外部 ROM 单元的读操作
8	30	ALE 地址锁存控制信号	在系统扩展时，ALE 用于控制把 P0 口输出的低 8 位地址锁存起来，以实现低位地址和数据的隔离。此外，由于 ALE 是以晶振 1/6 的固定频率输出的正脉冲，因此，可作为外部时钟或外部定时脉冲使用
9	31	$\overline{EA}$ 访问程序存 储控制信号	当信号为低电平时，对 ROM 的读操作限定在外部程序存储器；当信号为高电平时，对 ROM 的读操作是从内部程序存储器开始，并可延至外部程序存储器
10	32 ~ 39	P0.0 ~ P0.7 输入/输出口	P0 口是一个 8 位漏极开路的双向 I/O 口
11	40	VCC	电源端

8051 单片机 P3 口除了可以作为一般 I/O 口使用外，每一位都有各自的第二功能，见表 5-6。

表 5-6　P3 口各引脚与第二功能

引脚	第二功能	信号名称	引脚	第二功能	信号名称
P3.0	RXD	串行数据接收	P3.4	T0	计数器 0 的外部输入
P3.1	TXD	串行数据发送	P3.5	T1	计数器 1 的外部输入
P3.2	$\overline{INT0}$	外部中断 0 输入	P3.6	$\overline{WR}$	外部数据 RAM 写选通
P3.3	$\overline{INT1}$	外部中断 1 输入	P3.7	$\overline{RD}$	外部数据 RAM 读选通

2. 认识 51 系列单片机输入/输出端口

单片机芯片内还有一项主要内容就是并行 I/O 口。8051 单片机共有 4 个 8 位的并行 I/O 口，分别记作 P0、P1、P2、P3。每个口都包含一个锁存器、一个输出驱动器和输入缓冲器。8051 单片机的 4 个 I/O 口都是 8 位准双向口，这些口在结构和特性上是基本相同的，但又各具特点，以下将分别加以介绍，见表 5-7。

表 5-7　单片机输入/输出端口结构

序号	端口名称	端口线逻辑电路	端口使用注意事项
1	P0 口	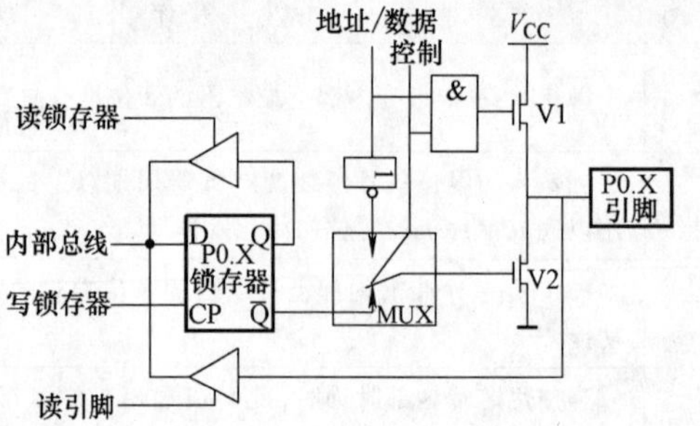	当 P0 口进行一般的 I/O 输出时，由于输出电路是漏极开路电路，因此必须外接上拉电阻才能有高电平输出；当 P0 口进行一般的 I/O 输入时，必须先向电路中的锁存器写入“1”，使场效应管 FET 截止，以避免锁存器为“0”状态时对引脚读入的干扰
2	P1 口	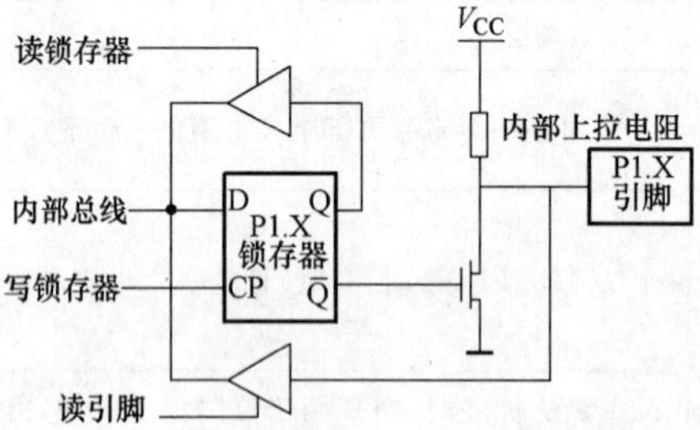	P1 口作为输出口使用时，已经能向外提供推拉电流负载，无需再外接上拉电阻。当 P1 口作为输入口使用时，同样也需先向其锁存器写“1”，使输出驱动电路的 FET 截止
3	P2 口	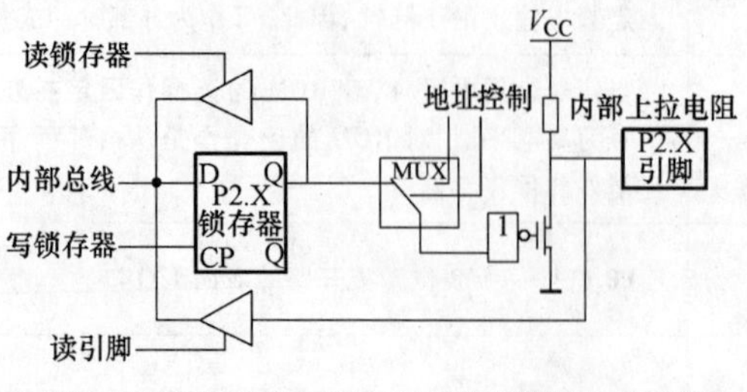	P2 口可以作为通用 I/O 口使用，这时多路转接电路开关倒向锁存器 Q 端。通常情况下，P2 口是作为高位地址线使用，此时多路转接电路开关应倒向相反方向

（续）

序号	端口名称	端口线逻辑电路	端口使用注意事项
4	P3 口	读锁存器 第二输出功能 V_{CC} 内部上拉电阻 P3.X引脚 内部总线 D Q P3.X锁存器 & 写锁存器 CP $\overline{Q}$ 读引脚 第二输入功能	对于第二功能为输出的信号引脚，当作为 I/O 使用时，第二功能信号引线应保持高电平，与非门开通，以维持从锁存器到输出端数据输出通路的畅通。当输出第二功能信号时，该位的锁存器应置“1”，使与非门对第二功能信号的输出是畅通的，从而实现第二功能信号的输出

四、LED 数码管的检测

一个质量保证的 LED 数码管，其外观应该是做工精细、发光颜色均匀、无局部变色及无漏光等。对于不清楚性能好坏、产品型号及引脚排列的数码管，可采用下面介绍的简便方法进行检测。

（一）干电池检测法

干电池检测法如图 5-17 所示，取两节普通 1.5V 干电池串联起来，并串联一个 100Ω、1/8W 的限流电阻，以防止过电流烧坏被测 LED 数码管。检测共阴极数码管时将 3V 干电池的负极引线（两根引线均可接上小号鳄鱼夹）接在被测数码管的公共阴极上，正极引线依次移动接触各笔段电极（a ~ h 脚）。当正极引线接触到某一笔段电极时，对应笔段就发光显示。用这种方法可以快速测出数码管是否有断笔（某一笔段不能显示）或连笔（某些笔段连在一起），并且可相对比较出不同的笔段发光强弱是否一致。若检测共阳极数码管，只需将电池的正、负极引线对调一下，方法同上。

如果将图 5-17 中被测数码管的各笔段电极（a ~ h 脚）全部短接起来，再接通测试用干电池，则可使被测数码管实现全笔段发光。对于质量保证的数码管，其发光颜色应该均匀，并且无笔段残缺及局部变色等。

如果不清楚被测数码管的结构类型（是共阳极还是共阴极）和引脚排序，可从被测数码管的左边第 1 脚开始，逆时针方向依次测试各引脚，使各笔段分别发光，即可测绘出该数码管的引脚排列和内部接线。测试时注意，只要某一笔段发光，就说明被测的两个引脚中有一个是公共脚，假定某一脚是公共脚不动，变动另一测试脚，如果另一个笔段发光，说明假定正确。这样根据公共脚所接电源的极性，可判断出被测数码管是共阳极还是共阴极。显然，公共脚如果接电池正极，则被测数码管为共阳极；公共脚如果接电池负极，则被测数码管应为共阴极。接下来测试剩余各引脚，即可很快确定出所对应的笔段来。

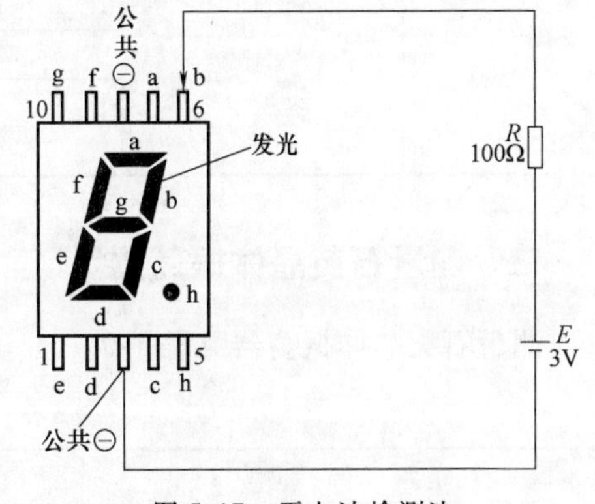

图 5-17　干电池检测法

（二）万用表检测法

以 MF50 型指针式万用表为例，说明具体检测方法。首先，按照图 5-18 所示，将指针式万用表拨至 $R\times10k$ 电阻档。由于 LED 数码管内部的发光二极管正向导通电压一般≥1.8V，所以万用表电阻档的档位应使用内部电池电压是 15V（或 9V）的 $R\times10k$ 档，而不应置于内部电池电压是 1.5V 的 $R\times100$ 或 $R\times1k$ 档，否则无法正常测量发光二极管的正、反向电阻。然后，进行检测。在如图 5-18 所示的共阴极数码管时，万用表红表笔（注意：红表笔接表内电池负极、黑表笔接表内电池正极）应接数码管的“－”公共端，黑表笔则分别去接各笔段电极（a～h 脚）；对于共阳极的数码管，黑表笔应接数码管的“＋”公共端，红表笔则分别去接 a～h 脚。正常情况下，万用表的指针应该偏转（一般示数在 100kΩ 以内），说明对应笔段的发光二极管导通，同时对应笔段会发光。若测到某个引脚时，万用表指针不偏转，所对应的笔段也不发光，则说明被测笔段的发光二极管已经开路损坏。与干电池检测法一样，采用万用表检测法也可对不清楚结构类型和引脚排序的数码管进行快速检测。

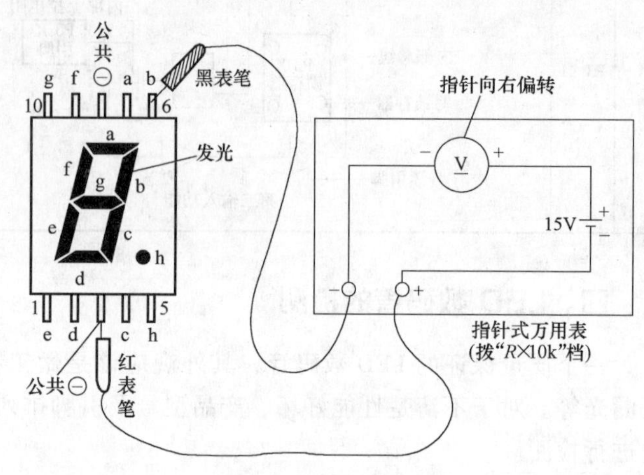

图 5-18 万用表检测法

※动手实践※

一、测量模拟温度传感器 AD590 输出信号

测量模拟温度传感器 AD590 输出信号见表 5-8。

表 5-8 测量模拟温度传感器 AD590 输出信号

型号	档 位	摄氏温度	经 10kΩ 电压	综合判定
AD590		10℃		
		20℃		
		30℃		
		40℃		

二、测量石英晶体振荡器

测量石英晶体振荡器见表 5-9。

表 5-9 测量石英晶体振荡器

名 称	型 号	测量档位	阻 值	综合判定
石英晶体振荡器				

三、补全模拟温度控制器的元器件列表

模拟温度控制器的元器件列表见表 5-10。

表 5-10　模拟温度控制器元器件列表

序号	标称	名称	型号/规格	图形符号	外观	数量	检验结果
1	U1	AD0809	DIP20	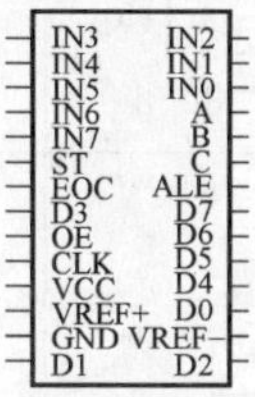 IN3 IN2 IN4 IN1 IN5 IN0 IN6 A IN7 B ST C EOC ALE D3 D7 OE D6 CLK D5 VCC D4 VREF+ D0 GND VREF- D1 D2			
2	U2	AT89S51	DIP40	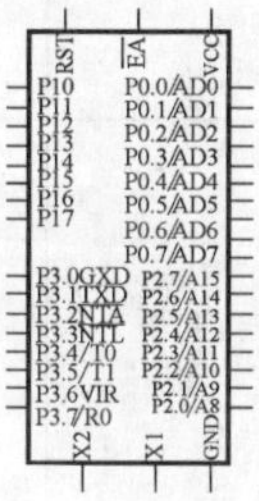 RST EA VCC P10 P0.0/AD0 P11 P0.1/AD1 P12 P0.2/AD2 P13 P0.3/AD3 P14 P0.4/AD4 P15 P0.5/AD5 P16 P0.6/AD6 P17 P0.7/AD7 P3.0GXD P2.7/A15 P3.1TXD P2.6/A14 P3.2NTA P2.5/A13 P3.3NTB P2.4/A12 P3.4/T0 P2.3/A11 P3.5/T1 P2.2/A10 P3.6VIR P2.1/A9 P3.7/R0 P2.0/A8 X2 X1 GND			
3	R_2	电阻	9kΩ	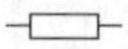			
4	R_3	电阻	10kΩ	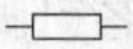			
5	C_2、C_3	瓷片电容	30pF				
6	Y1	石英晶体振荡器	12MHz				
7	U4	温度传感器	AD590	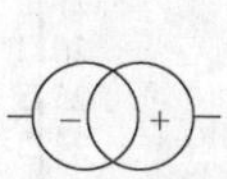 - +			
8	SB	轻触开关	TC-00104				

项目五

（续）

序号	标称	名称	型号/规格	图形符号	外　观	数量	检验结果
9	U3	数码管	四位集成	e d dp c g S1 S4 a f S3 S2 b			
10	*RP*	电位器	2kΩ				
11	C_1	铝电解电容	16V,10μF	+			

※思考与练习※

1. 请简述石英晶体振荡器的检测方法。
2. 请在图 5-19 中标出 AT89S51 型单片机各引脚的名称。

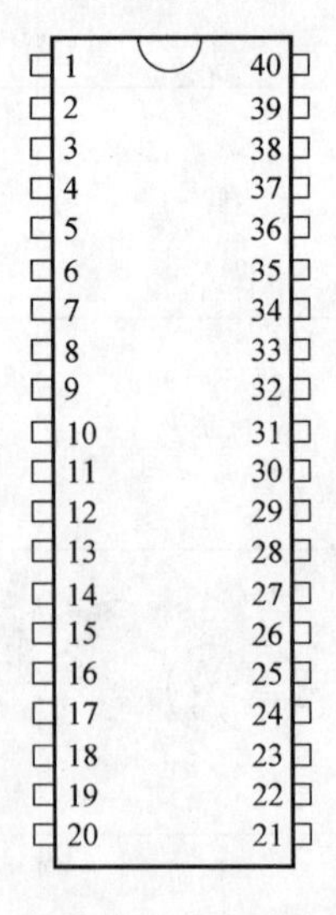

图 5-19　AT89S51 型单片机

3. 请简述 LED 数码管的检测方法。

任务三　模拟式温度控制器的组装与调试

※知识准备※

一、单片机最小系统的组成

（一）单片机时钟电路

在MCS-51系列单片机芯片内部有一个高增益反相放大器，其输入端为芯片引脚XTAL1，其输出端为引脚XTAL2。而在芯片的外部，XTAL1和XTAL2之间跨接石英晶体振荡器和微调电容，从而构成一个稳定的自激振荡器，这就是单片机的时钟电路。

时钟电路产生的振荡脉冲经过触发器进行二分频之后，才成为单片机的时钟脉冲信号。一般电容 C_1 和 C_2 取30pF左右，晶体的振荡频率范围是2～12MHz，如图5-20所示。晶体振荡频率高，则系统的时钟频率也高，单片机运行速度也就快。MCS-51系列单片机在通常应用情况下，使用振荡频率为6MHz或12MHz。

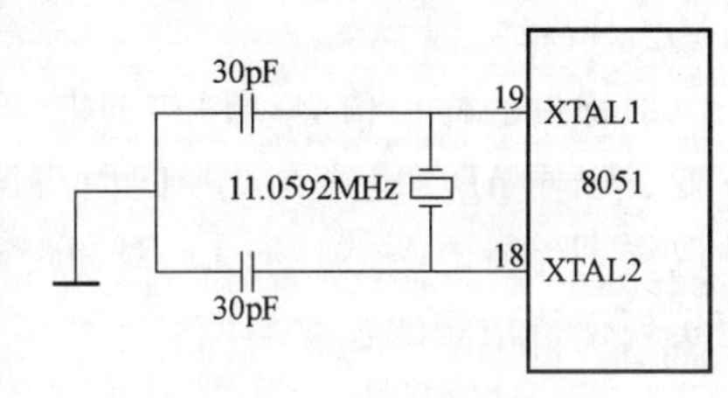

图5-20　单片机时钟电路

（二）单片机复位电路

单片机复位是使CPU和系统中的其他功能部件都处在一个确定的初始状态，并从这个状态开始工作，无论是在单片机刚开始接上电源时，还是断电后或者发生故障后都需要复位，所以必须弄清楚MCS-51系列单片机复位条件、复位电路和复位后状态。

单片机复位的条件是：必须使RST/VPD引脚（9脚）加上持续两个以上机器周期的高电平。例如，若时钟频率为12MHz，则每个机器周期为1μs，则只需2μs以上的高电平，在RST/VPD引脚出现高电平后的第二个机器周期单片机执行复位。单片机常见的复位电路如图5-21所示。

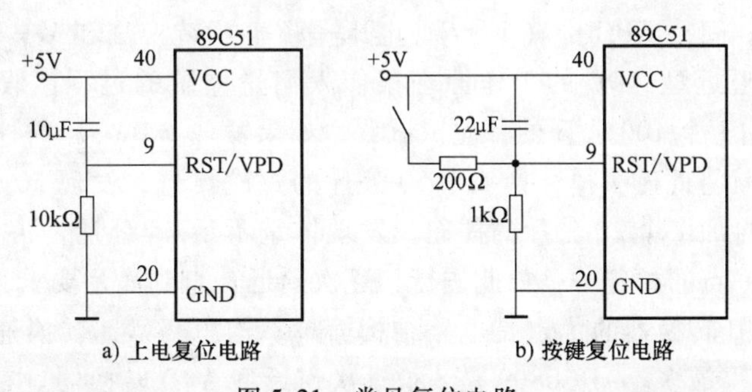

图5-21　常见复位电路

二、A/D转换电路

（一）A/D转换的基本概念

A/D转换过程包括取样、保持、量化和编码4个步骤，一般，前2个步骤在取样—保持电路中 1 次性完成，后 2 个步骤在 A/D 转换电路中 1 次性完成。

1. 取样和取样定理

我们知道，要确定（表示）1 条曲线，理论上应当用无穷多个点，但有时却并非如此。比如 1 条直线，取 2 个点即可。对于曲线，只是多取几个点而已。将连续变化的模拟信号用多个时间点上的信号值来表示称为取样，取样点上的信号值称为样点值，样点值的全体称为原信号的取样信号。

取样时间可以是等间隔的，也可以自适应非等时间间隔取样。问题是：对于频率为 f 的信号，应当取多少个点，或者更准确地说应当用多高的频率进行取样？取样定理将回答这个问题：

只要取样频率 f_S 大于等于模拟信号中的最高频率 f_{max} 的 2 倍，利用理想滤波器即可无失真地将取样信号恢复为原来的模拟信号。这就是说，对于 1 个正弦信号，每个周期只要取 2 个样点值即可，条件是必须用理想滤波器复原信号。这就是著名的香农（Shannon）取样定理，用公式表示即为 $f_S \geqslant 2f_{max}$，在工程上，一般取 $f_S \geqslant (4 \sim 5)\ f_{max}$。

2. 取样—保持

取样后的样点值必须保存下来，并在取样脉冲结束之后到下 1 个取样脉冲到来之前保持不变，以便 ADC 电路在此期间内将该样点值转换成数字量，这就是所谓取样—保持。常用的取样—保持电路芯片有 LF198 等，其保持原理主要是依赖于电容器 C 上的电压不能突变而实现保持功能的。

3. 量化与编码

取样保持后的样点值仍是连续的模拟信号，为了用数字量表示，必须将其化成某个最小数量单位 Δ 的整数倍。比如取样保持后的电压值为 10V，如果以“1V”为最小数量单位 Δ，转换成的数字就是 10；如果以“1mV”为单位，转换成的数字就是 10000；这个转化模拟量为数字量的过程称为量化。有只舍不入式量化和有舍有入式量化 2 种。

转换之后的数字可以用十进制表示（如上述的“10”），也可以用二进制数表示（如“1010”），或用 BCD 码表示（如“0001 0000”）等，这就是所谓编码。一般多用二进制码。

（二）逐次逼近型 ADC

模—数转换方法有直接 ADC 和间接 ADC 两种。直接 ADC 中有并行比较法、反馈计数法和逐次逼近法等；间接 ADC 中有 V—F（电压—频率）转换法和 V—T（电压—时间）转换法等多种。逐次逼近型 ADC 的工作原理很像人们量体重的过程：假如你的体重不超过 200 公斤，你会先加 1 个 100 公斤的秤砣试试看，如果发现 100 公斤的秤砣太大（比如实际体重是 70 公斤），就将此砣去掉；换 1 个 50 公斤的秤砣再试，发现 50 公斤的秤砣又偏小，故将其保留；然后再加 1 个 25 公斤的秤砣，发现体重不足 75 公斤，再将此 25 公斤的秤砣去掉，换 1 个更小一点的秤砣……如此进行，逐次逼近，直到满足要求为止。

逐次逼近型 A/D 转换器的优点是电路结构简单，构思巧妙，转换速度较快。所以，在集成 A/D 芯片中用得最多。ADC0809 是 8 位逐次逼近型 A/D 转换器。它由一个 8 路模拟开关、一个地址锁存译码器、一个 A/D 转换器和一个三态输出锁存器组成，如图 5-22 所示。多路开关可选通 8 个模拟通道，允许 8 路模拟量分时输入，共用 A/D 转换器进行转换。三态输出锁存器用于锁存 A/D 转换完的数字量，当 OE 端为高电平时，才可以从三态输出锁存器取走转换完的数据。

ADC0809 对输入模拟量要求。信号单极性，电压范围是 0 ~ 5V，若信号太小，必须进行

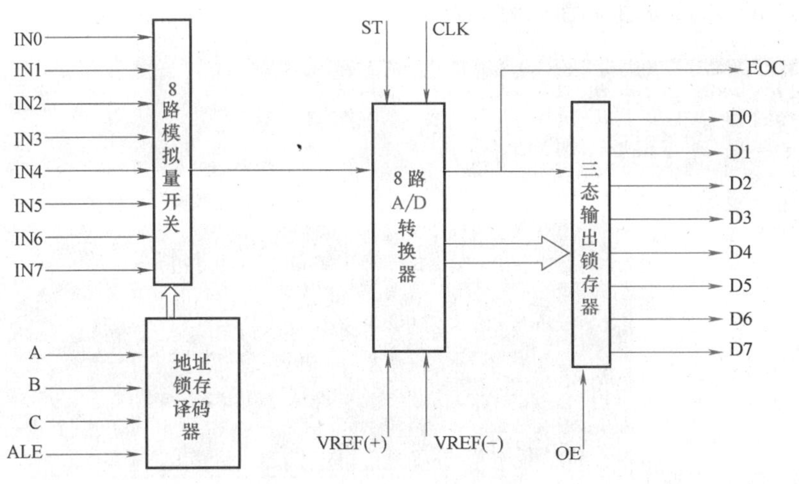

图 5-22　ADC0809 内部结构图

放大；输入的模拟量在转换过程中应该保持不变，如若模拟量变化太快，则需在输入前增加采样保持电路。ADC0809 内部带有输出锁存器，可以与 AT89S51 单片机直接相连。初始化时，使 ST 和 OE 信号全为低电平，传送要转换的数据到 A、B、C 端口的地址上，此时在 ST 端给出一个至少有 100ns 宽的正脉冲信号，我们可以根据 EOC 信号来判断是否转换完毕。当 EOC 变为高电平时，这时给 OE 高电平，转换的数据就输出给单片机了。

三、单片机程序下载

Keil C51 是一个功能强大的软件，但是使用起来并不复杂。现在就通过建立一个简单的 LED（发光二极管）闪烁程序发光的实例来初步掌握 Keil C51 的基本用法。LED 闪烁发光电路参见图 5-23，单片机 I/O 输出低电平可点亮 LED。

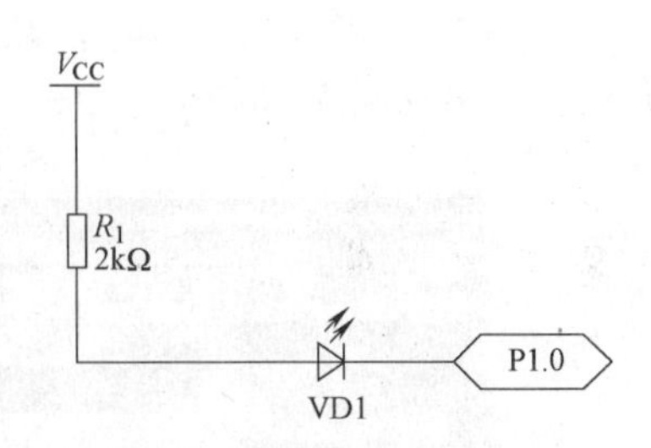

图 5-23　LED 闪烁发光电路

第一步：打开 Keil C51 软件。双击桌面上的“Keil μVision3”图标，启动 Keil C51 程序，启动界面如图 5-24 所示。

图 5-24　Keil C51 的启动界面

打开 Keil μVision3 的主界面如图 5-25 所示。

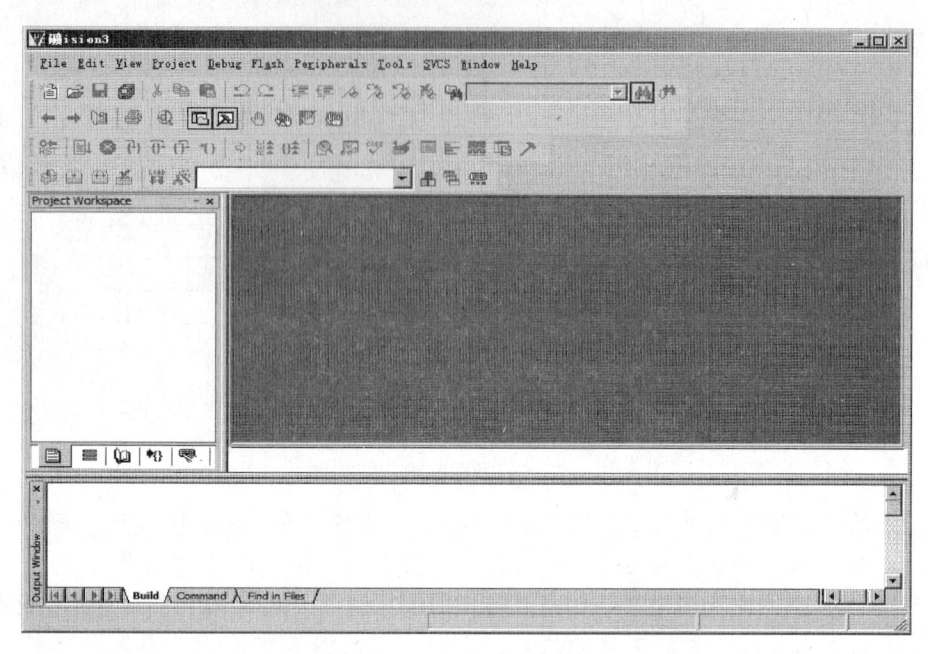

图 5-25　Keil μVision3 主界面

第二步：新建工程。执行 Keil C51 软件的菜单 “Project | New Project...”，弹出一个名为 “Create New Project” 的对话框。先选择一个合适的文件夹准备来存放工程文件，比如 “D：\ 项目一 霹雳灯 \ led”，其中 “led” 是新建的文件夹。最后，为工程取名为 “led”，并保存。参见图 5-26。

图 5-26　新建 Keil C51 工程

第三步：选择 CPU。紧接着，Keil C51 提示选择 CPU 器件。8051 内核单片机最早是由鼎鼎大名的 Intel 公司开发的，后来其他厂商如 Philips、ATMEL、Winbond 等先后推出其兼容产品，并在 8051 的基础上扩展了许多增强功能。在这里可以选择 ATMEL 公司的一个器件“AT89C51”，该器件与 Intel 的 8051 单片机完全兼容。参见图 5-27、图 5-28。

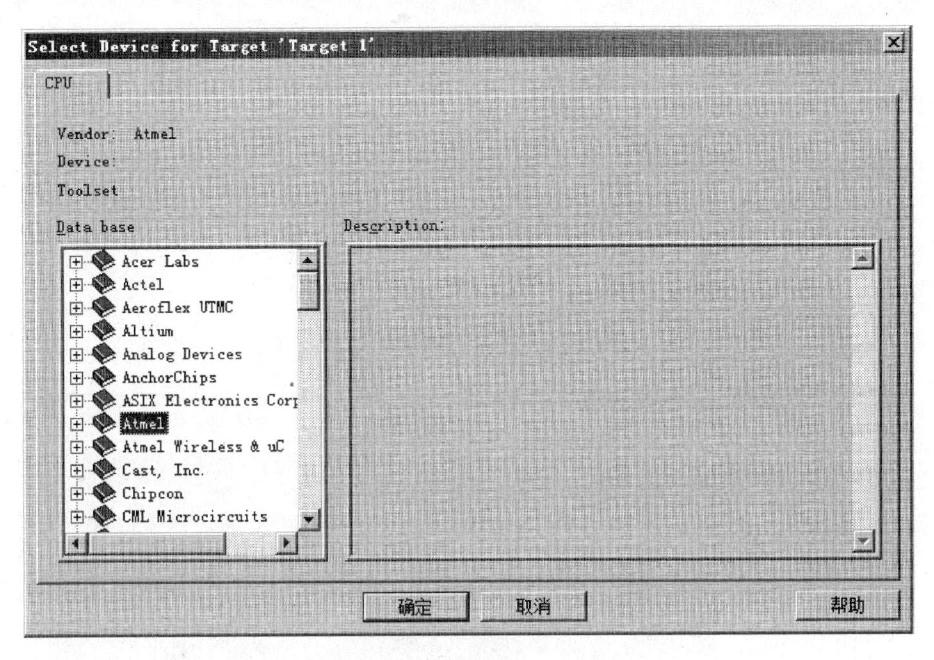

图 5-27　选择 CPU

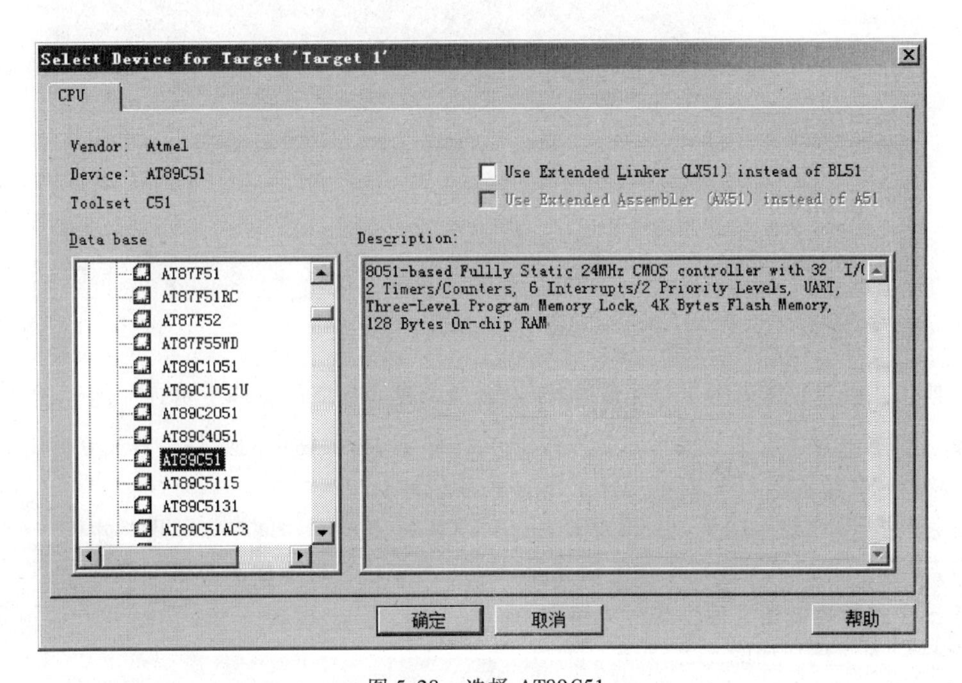

图 5-28　选择 AT89C51

接下来将会弹出一个如图 5-29 所示的对话框。该对话框提示是否要把标准 8051 的启动代码添加到工程中去，可以增强某些功能的初始化配置，一般选择“是（Y）”。即添加启动代码。

图 5-29　选择是否要添加启动代码

至此，一个空的 Keil C51 工程建立完毕。如图 5-30 所示。

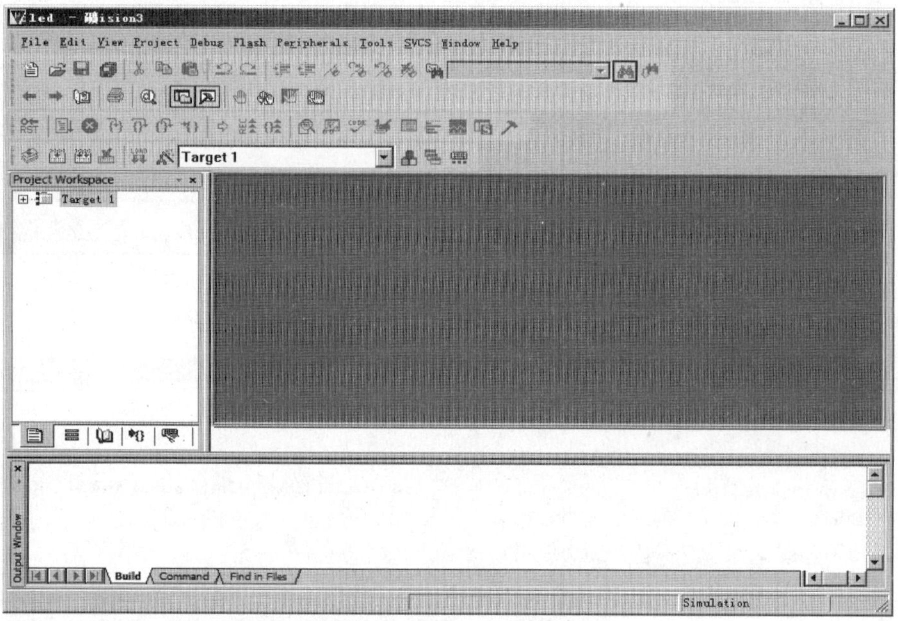

图 5-30　空 Keil μVision3 工程文件

第四步：设置软件参数。单击按钮设置此芯片的选项，屏幕上出现如图 5-31 所示的对话框。在这个对话框里要设置此芯片的工作频率与所需要输出的文件。首先在 Target 页的 Xtal（MHz）字段输入 12，表示选择工作频率为 12MHz。

继续切换到 Output 选项卡，选中 Create HEX File 复选框，只有选择此项才能产生 16 进制文件（*.hex），单击确定按钮关闭此对话框即可完成设置。如图 5-32 所示。

第五步：新建文档文件。执行菜单“File | New...”，出现一个名为“Text n”（其中 n 表示序号）的文档。如图 5-33 所示。

执行菜单“File | Save”，弹出一个名为“Save As”的对话框。将文件名改为“led.c”，然后保存。注意：扩展名“.c”不可省略。如图 5-34 所示。

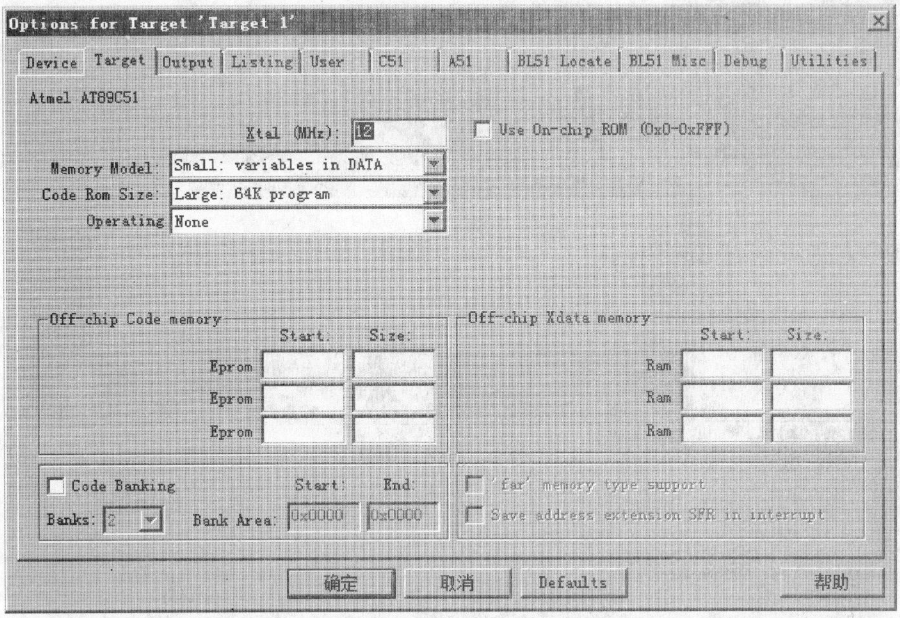

图 5-31　Options for Target' Target1' 对话框

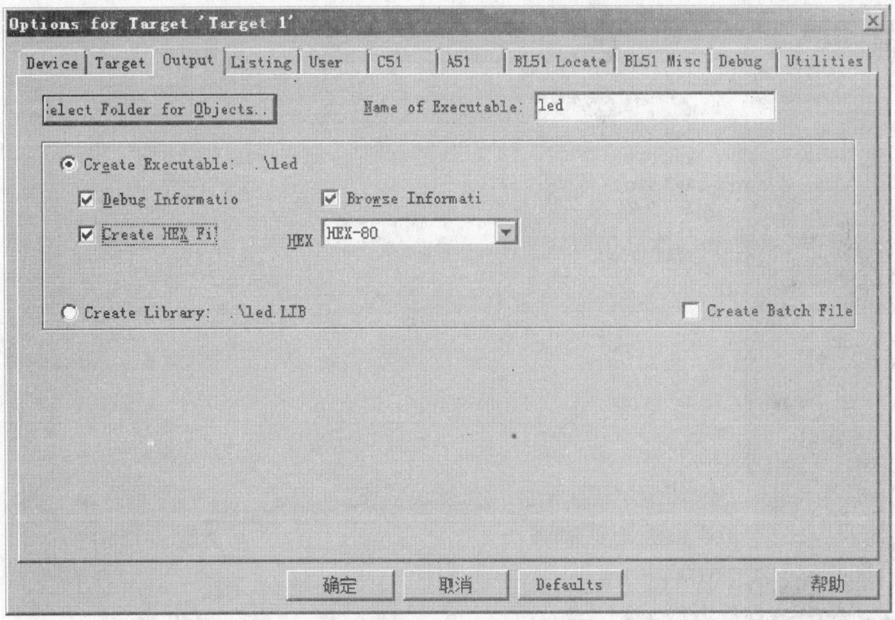

图 5-32　Output 选项卡

第六步：添加源程序文件到工程中。现在，一个空的源程序文件"led. c"已经建立，但是这个文件与刚才新建的工程之间并没有什么内在联系，我们需要把它添加到工程中去。单击 Keil C51 软件左边项目工作窗口"Target 1"上的"+"，将其展开。然后单击右键"Source Group 1"文件夹，会弹出如图 5-35 所示的选择菜单。单击其中的"Add Files to Group'Source Group 1'"项。

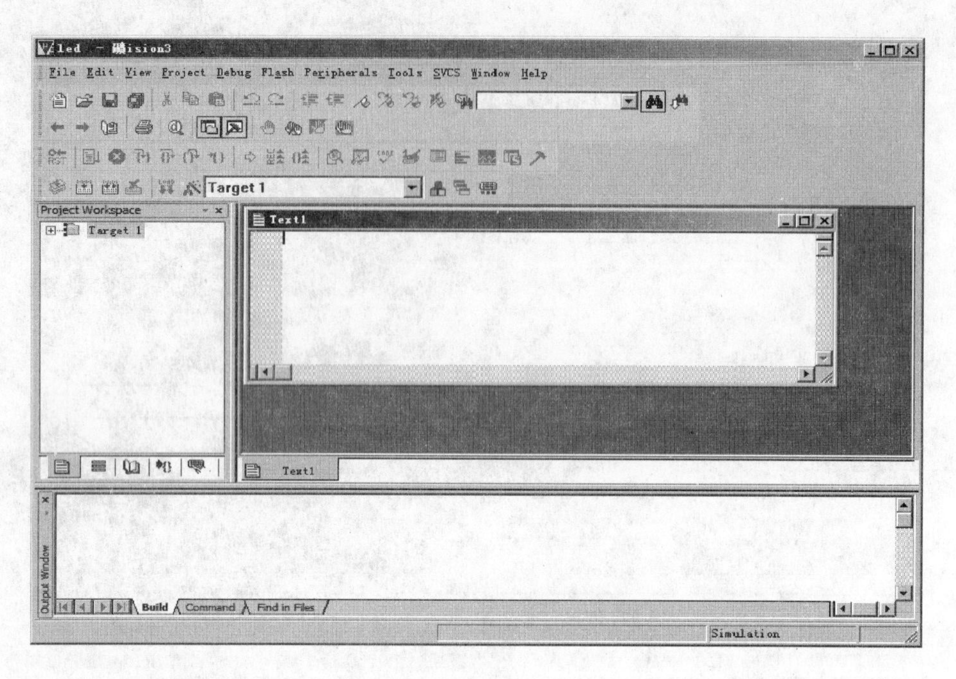

图 5-33　新建文档文本

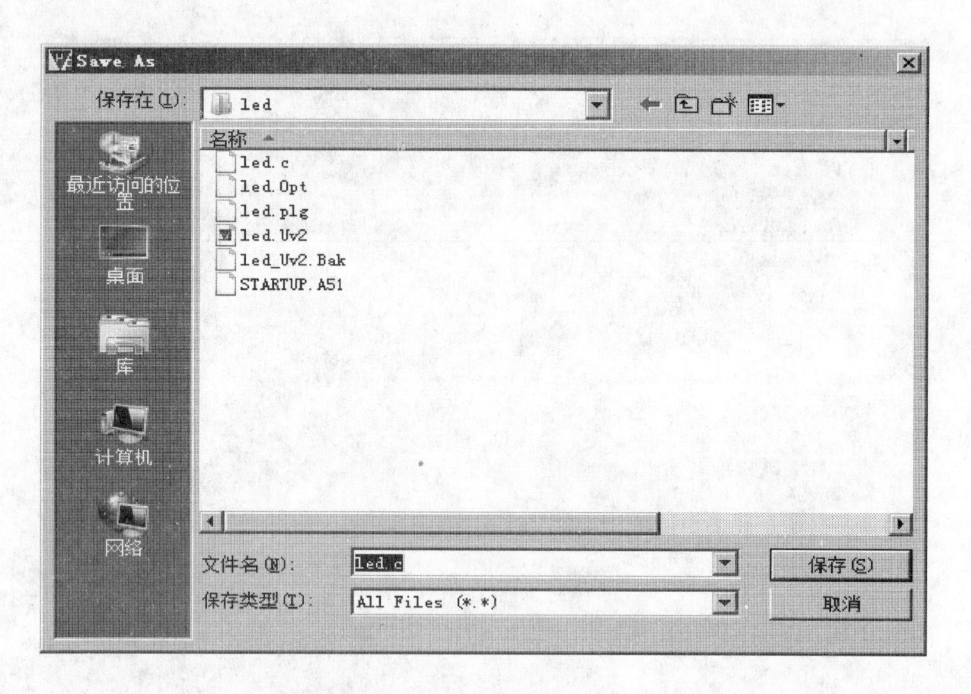

图 5-34　保存新建的文本

首先选择文件类型为“C Source file（*.c）”，这时，对话框内将出现刚才保存过的“led.c”。单击文件“led.c”，再按一次“Add”按钮（请不要多次点击“Add”按钮），最后按“Close”按钮。这时，源程序文件“led.c ”已经出现在项目工作窗口的“Source Group 1 ”文件夹内，可以单击左边的“+”展开后查看。如图 5-36、图 5-37 所示。

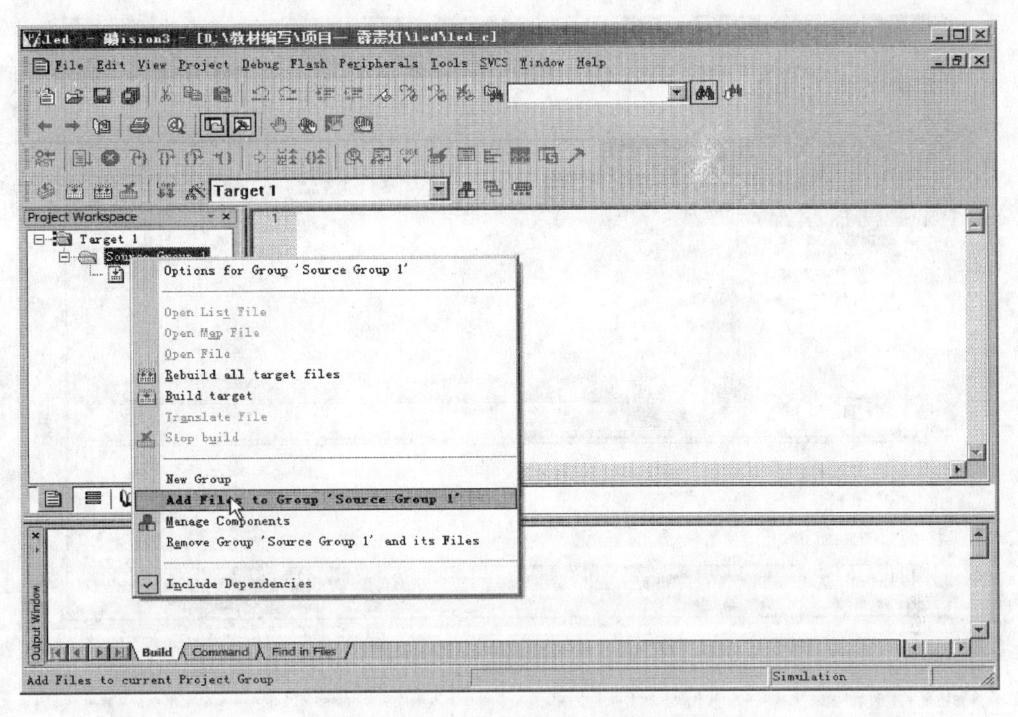

图 5-35　准备添加源程序文件到工程中

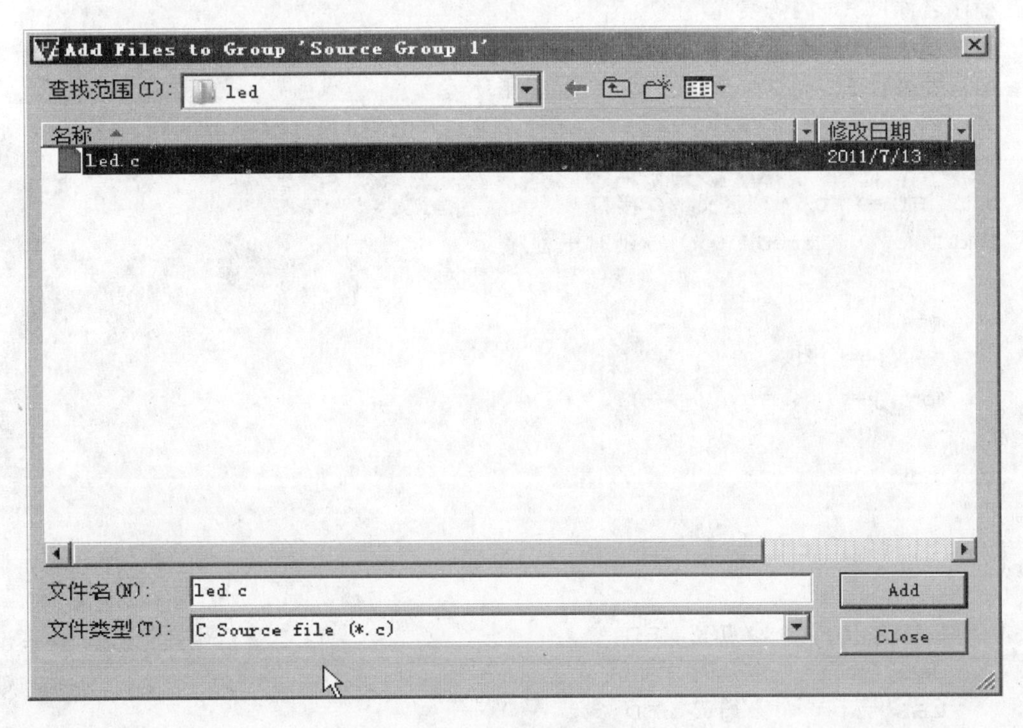

图 5-36　向工程中添加源程序文件

第七步：现在开始输入源程序。先最大化 led. c 源程序窗口，然后请按以下程序清单输入程序代码。如图 5-38 所示。

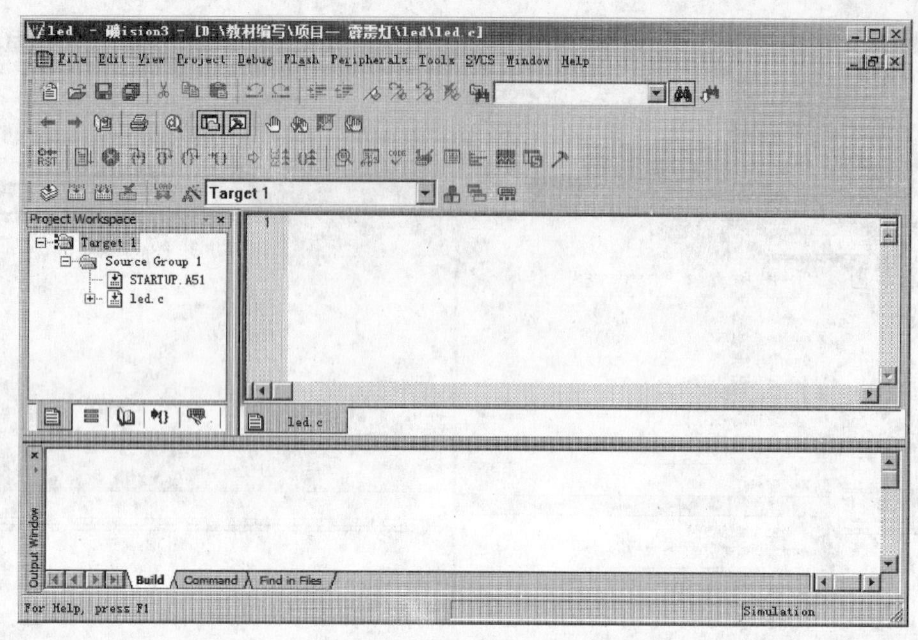

图 5-37　展开 Source Group1 窗口

```
/******************************************************************
程序清单:LED 闪烁发光程序 led.c
程序名称:LED 闪烁发光
硬件接法:P1.0 控制 LED,低电平点亮
运行效果:LED 亮 200ms,灭 200ms,反复循环
******************************************************************/
#include <reg51.h>  //包含 8051 的 SFR 寄存器定义头文件
sbit LED = P1^0;  //定义 I/O 接口
void Delay(unsigned int x) //延时子程序
{
    int i,j;
    for (i=0;i<x;i++)
    for (j=1;j<=600;j++);
}
void main( )                    //主函数
{
  for(;;)
  {
    LED = 0;       //点亮 LED
    Delay(40);     //延时 200ms
    LED = 1;       //熄灭 LED
    Delay(40);     //延时 200ms
  }
}
```

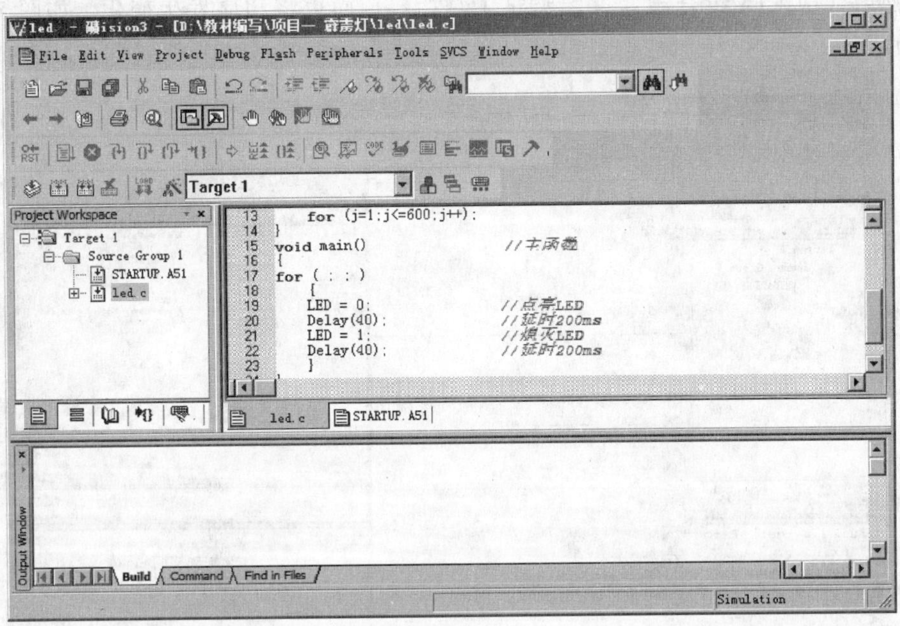

图 5-38　在 led. c 源程序窗口中输入程序

第八步：进行编译与链接。单击左上方的按钮即可进行编译与链接，而其过程将记录在下方的输出窗口，“0 Error（s），0 Warnning（s）”表示没有错误，没有警告，否则就要对程序进行修改直至将错误全部改正为止。如图 5-39 所示。

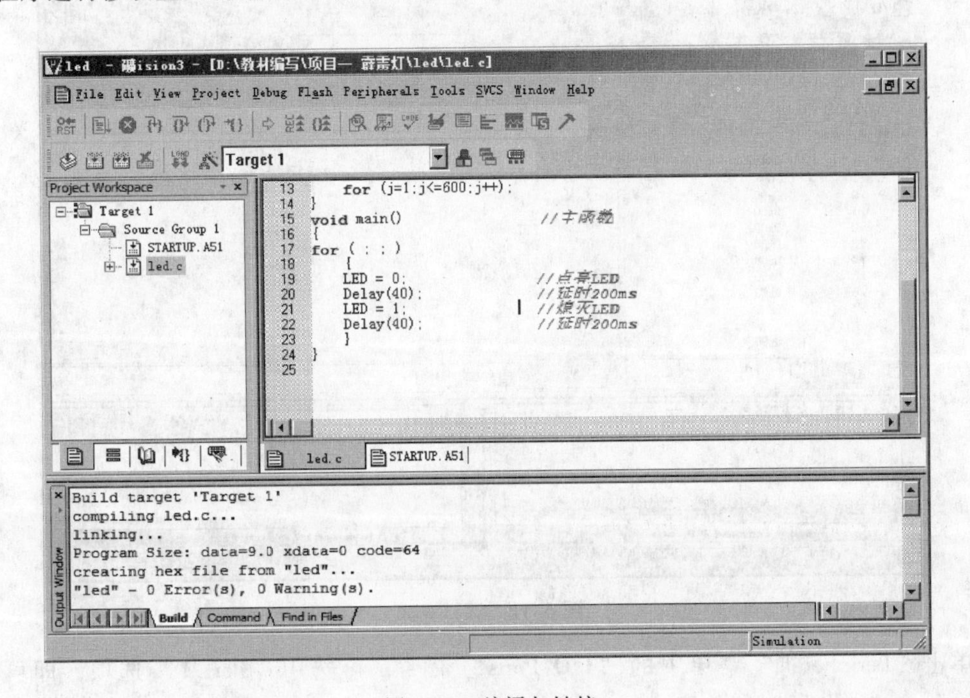

图 5-39　编译与链接

接下来就可以继续进行调试/仿真了，单击“Debug”菜单，单击“Star/Stop Dcbug Session”（或按 Ctrl + F5 组合键）开始调试工具栏，页面也将相应发生变化。如图 5-40、图 5-41所示。

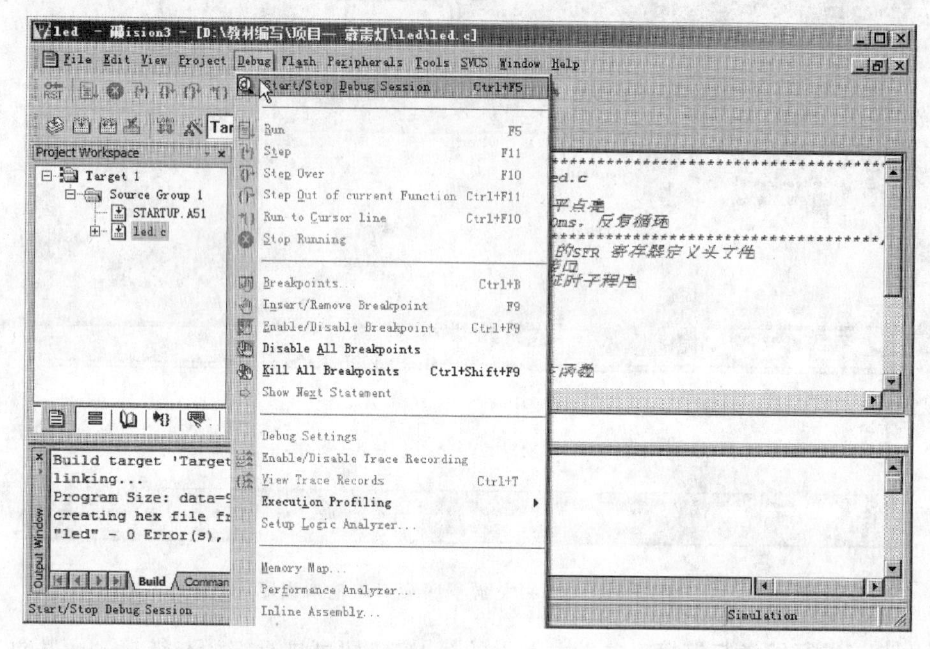

图 5-40 单击“Star/Stop Debug Session”

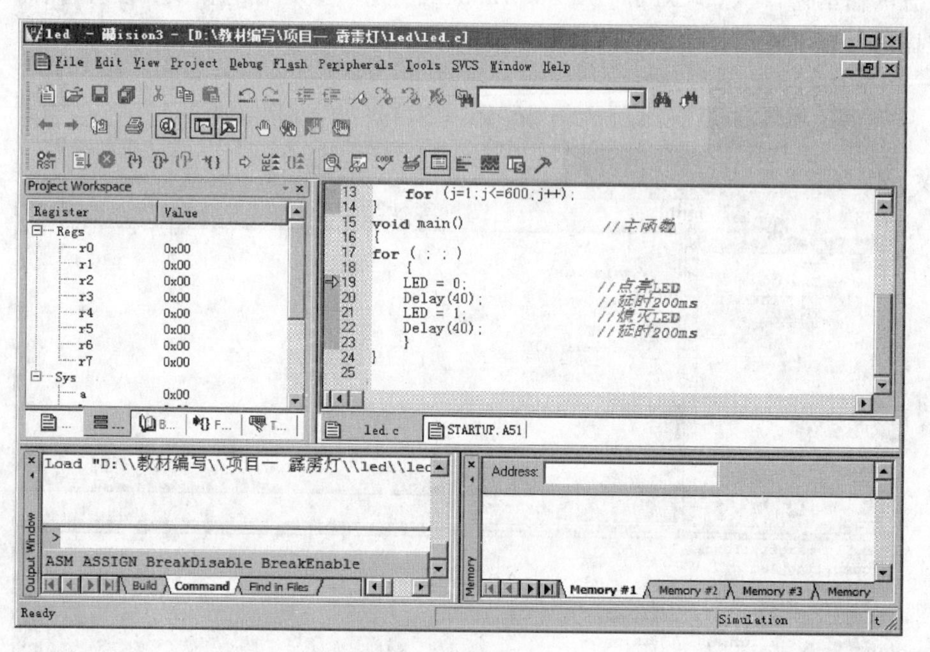

图 5-41 调试窗口

单击“Peripherals”菜单中的“I/O-Ports”命令，再选中“Port 1”选项，即可打开“Port 1”窗口，如图 5-42、图 5-43 所示。

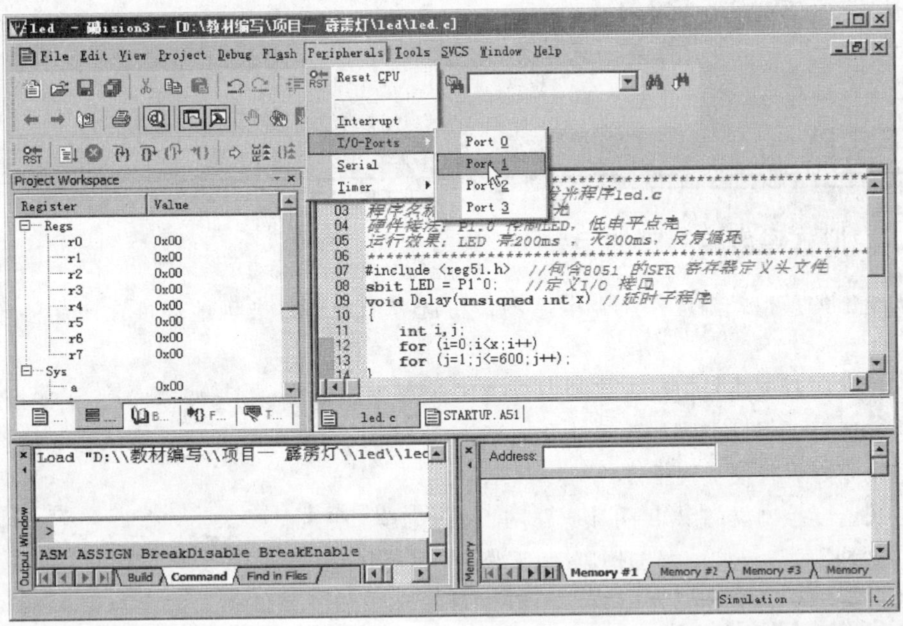

图 5-42 Peripherals 菜单

单击按钮，则监视窗口与 Port 1 窗口的内容将随程序的进行而变化。若想从头开始，则可单击按钮停止运行程序，单击按钮复位 CPU，再单击按钮即可。如图 5-44 所示。

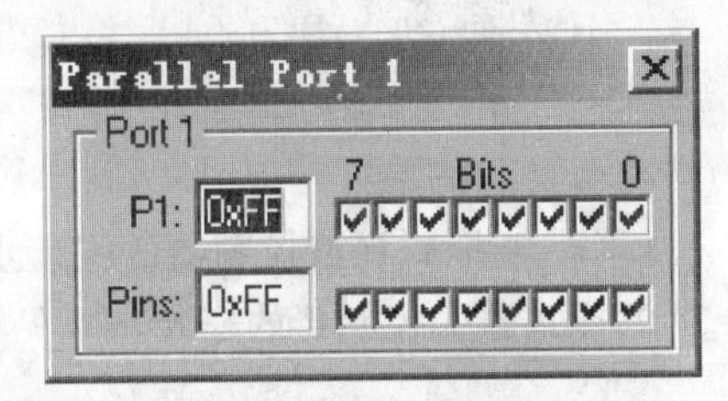

图 5-43 Port 1 窗口

在本项目所保存的文件夹里可以找到“led. hex”文件，这个文件就是可执行文件。该文件可以被专门

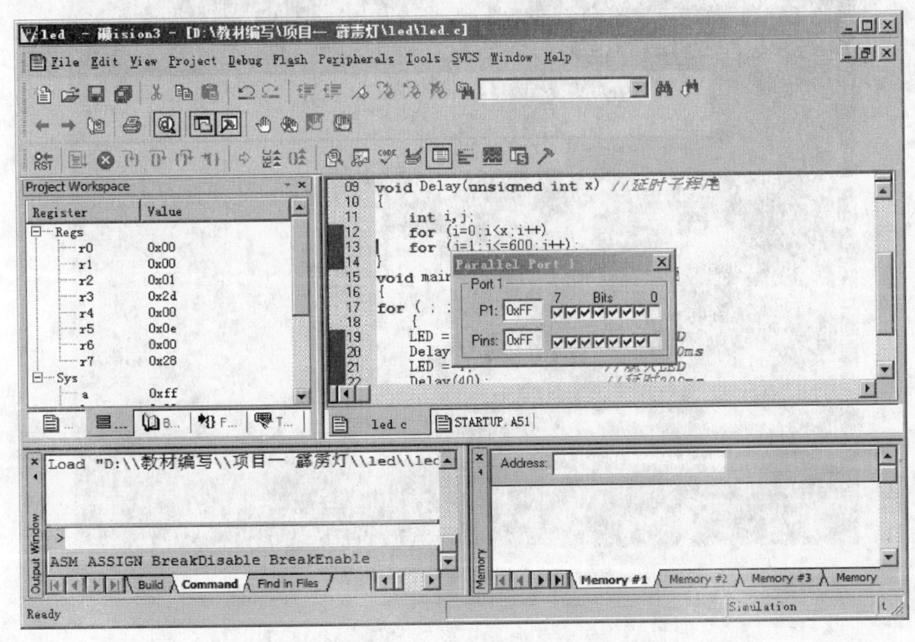

图 5-44 程序运行界面

的芯片烧写工具载入并最终烧录到具体的芯片中。芯片安装到电路板上，通电，就可以运行里面的程序了。

※动手实践※

一、模拟式温度控制器的组装

根据给出的模拟式温度控制器电路图，将选择的元器件准确地焊接在产品的印制电路板上。

要求：在印制电路板上所焊接的元器件的焊点大小适中、光滑、圆润、干净、无毛刺；无漏、假、虚、连焊，引脚加工尺寸及成型符合工艺要求；导线长度、剥线头长度符合工艺要求，芯线完好，捻线头镀锡。

模拟式温度控制器的 PCB 图和电路图，如图 5-45 所示。

（一）模拟式温度控制器工作原理

本测温系统由温度传感器电路、A/D 转换电路、单片机系统、温度显示系统构成。其基本工作原理为温度传感器电路将测量到的温度信号转换成电信号输出到 ADC0809 的输入端，A/D 转换器（ADC0804）将模拟信号转换为数字信号后传送给 AT89S51，该系统以 AT89S51 单片机为核心，通过单片机编程实现对室内温度的实时控制，并驱动 LED 八段数码管动态显示室温。

（二）模拟式温度控制器的安装步骤

模拟式温度控制器的安装步骤见表 5-11。

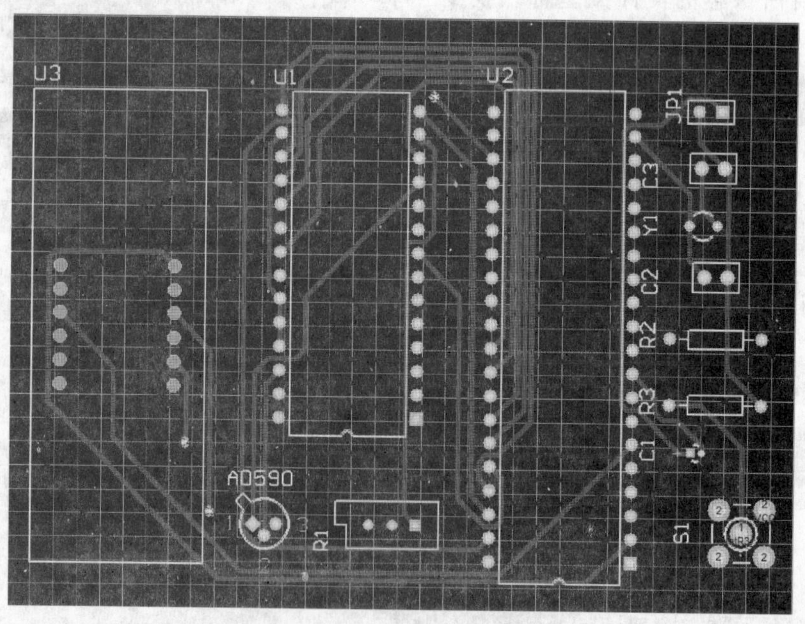

a) PCB图

图 5-45　模拟式温度控制器 PCB 图和电路图

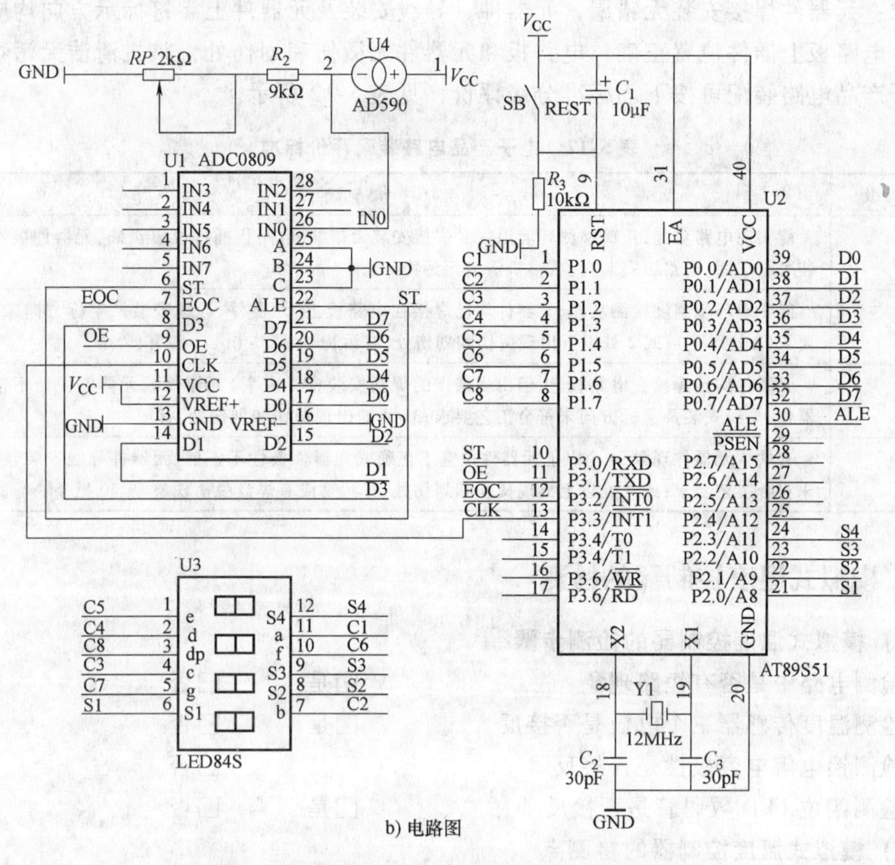

b) 电路图

图 5-45　模拟式温度控制器 PCB 图和电路图（续）

表 5-11　模拟式温度控制器的安装步骤

安装步骤	安装元件	安装规范及注意事项
第一步	IC 插座(U1、U2)	卧式安装,紧贴电路板
第二步	电阻 R_2、R_3	卧式安装,紧贴电路板
第三步	瓷片电容 C_2、C_3	立式安装,距焊板高度为 3mm
第四步	石英晶体振荡器 Y1	立式安装,距焊板高度为 3mm
第五步	温度传感器 AD590	立式安装,距焊板高度为 3mm,注意引脚极性
第六步	按键 SB	卧式安装,紧贴电路板
第七步	电源插头 JP1	立式安装,紧贴电路板
第八步	四位 LED 数码管 U3	卧式安装,紧贴电路板
第九步	电位器 *RP*	立式安装,紧贴电路板
第十步	铝电解电容 C_1	立式安装,距焊板高度为 3mm,注意正负极

二、评价标准

根据给出的模拟式温度控制器电路图，把选取的电子元器件及功能部件正确地装配在产品的印制电路板上。

要求：元器件焊接安装无错漏，元器件、导线安装及元器件上字符标示方向均应符合工艺要求；电路板上插件位置正确；电路板和元器件无烫伤和划伤处，整机清洁无污物。

电子产品电路装配可按下面标准分级评价，见表5-12所示。

表5-12　电子产品电路装配评价标准

评价等级	评价标准
A级	能实现电路功能，正确检测环境温度。焊接安装无错漏，电路板插件位置正确，元器件极性正确，安装可靠牢固，电路板安装对位；整机清洁无污物
B级	能实现环境温度检测功能，元器件均已焊接在电路板上，元器件、导线安装及字标方向未符合工艺要求(2处以下)；或2处以下出现烫伤和划伤处，有污物
C级	元器件均已焊接在电路板上，但出现错误的焊接安装(3~4个)元器件或元器件极性不正确；或元器件、导线安装及字标方向未符合工艺要求；3~4处出现烫伤和划伤处，有污物
D级	有缺少元器件现象；4个以上元器件位置不正确或元器件极性不正确、元器件导线安装及字标方向未符合工艺要求；或4处以上出现烫伤和划伤处，有污物或有焊盘脱落现象

三、模拟式温度控制器的检测

（一）模拟式温度控制器的检测步骤

1. 检测电路中是否有短路现象　　□是　　□否
2. 检测温度传感器三个电极是否接反　　□是　　□否
3. 检测铝电解电容极性是否接反　　□是　　□否
4. 检测四位LED数码管是否接反　　□是　　□否

（二）模拟式温度控制器的检测点

1. 测量单片机控制电路电源电压为________V；
2. 测量模数转换器ADC0809第26脚电压为________V；
3. 利用示波器观察并描述石英晶体振荡器的输出波形为________________。

模拟式温度控制器评价标准见表5-13。

表5-13　电路检测评价标准

评价等级	评价标准
A级	能准确使用万用表测量石英晶体振荡器及温度传感器输出信号，能准确使用示波器观察单片机引脚输出信号波形，电路效果好
B级	能测量单片机供电电压，会使用示波器观察输入、输出波形，电路达到效果
C级	经修改电路能达到效果，测量基本符合要求
D级	虽进行修复，但电路没有达到效果

※思考与练习※

1. 请简述单片机时钟电路由几个部分组成。
2. 请简述单片机复位的条件。
3. 请绘制单片机最小系统电路图。

4. 请简述 AD 转换过程中应包含哪几个步骤。

5. 请简述单片机程序下载的主要步骤。

※项目扩展※

数字温度计的制作

一、电路图及框图

数字温度计的电路图及框图

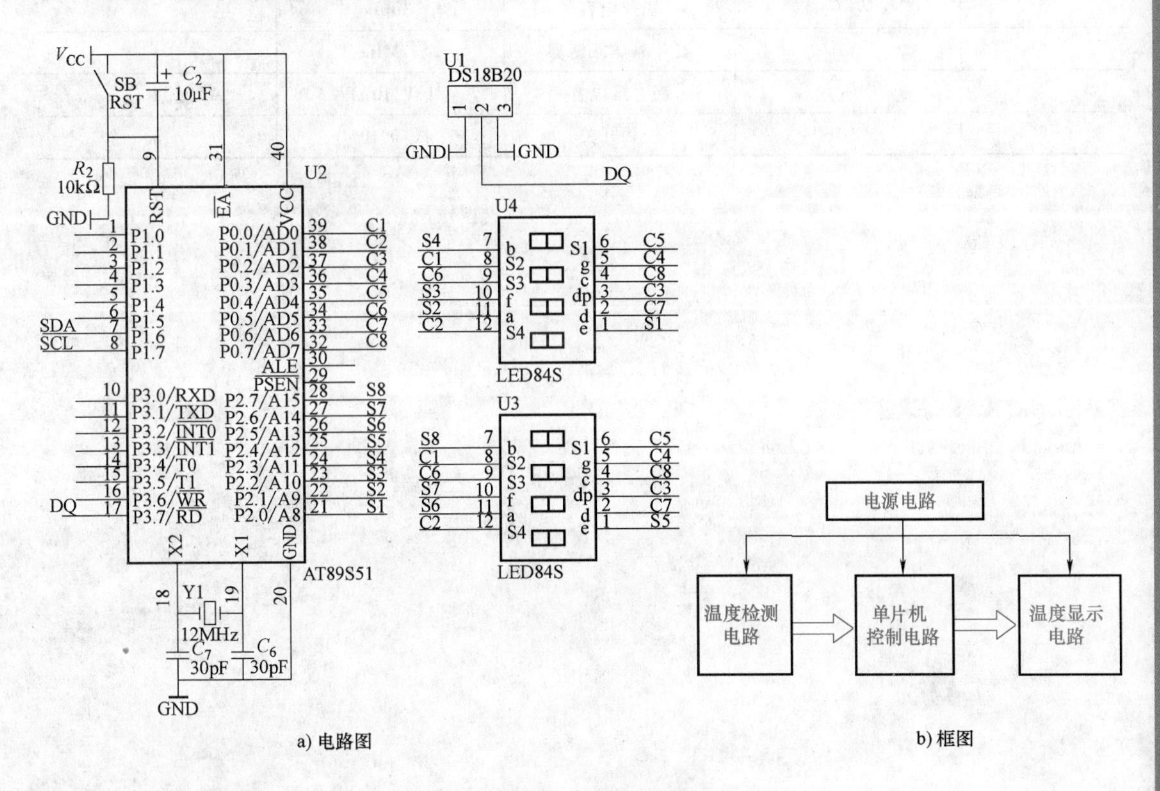

a) 电路图　　b) 框图

图 5-46　数字温度计的电路图及框图

二、工作原理

根据系统的设计要求，选择 DS18B20 作为本系统的温度传感器，选择单片机 AT89S51 为测控系统的核心来完成数据采集、处理、显示等功能。选用数字温度传感器 DS18B20，省去了采样—保持电路、运放、数/模转换电路以及进行长距离传输时的串/并转换电路，简化了电路，缩短了系统的工作时间，降低了系统的硬件成本。

该系统的总体设计思路如下：温度传感器 DS18B20 把所测得的温度发送到 AT89S51 单片机上，经过单片机处理，将把温度在显示电路上显示，本系统显示器为 4 位 LED 集成数码管。检测范围为 5 ~ 60℃。

项目五

三、元器件清单列表

数字温度计的元器件清单列表见表5-14。

表5-14　数字温度计的元器件清单列表

序　号	符　号	名　称	规　格	数　量
1	U1	温度传感器	DS18B20	1
2	U2	单片机	AT89S51(DIP40)	1
3	U3、U4	数码管	四位集成	2
4	R_2	电阻	10kΩ	1
5	C_6、C_7	瓷片电容	30pF	2
6	Y1	石英晶体振荡器	12MHz	1
7	C_1	铝电解电容	16V,10μF	1
8	SB	轻触开关	TC-00104	1

附 录

模拟温度控制器程序

```
#include <AT89X52.H>
#include <ctype.h>

unsigned char code dispbitcode[] = {0xfe,0xfd,0xfb,0xf7,
                    0xef,0xdf,0xbf,0x7f};
unsigned char code dispcode[] = {0x3f,0x06,0x5b,0x4f,0x66,
                  0x6d,0x7d,0x07,0x7f,0x6f,0x00,0x40};
unsigned char dispbuf[8] = {10,10,10,10,10,10,0,0};
unsigned char dispcount;
unsigned char getdata;
unsigned long temp;
unsigned char i;
bit sflag;

sbit ST = P3^0;
sbit OE = P3^1;
sbit EOC = P3^2;
sbit CLK = P3^3;
sbit LED1 = P3^6;
sbit LED2 = P3^7;
sbit SPK = P3^5;

void main(void)
{
  ST =0;
  OE =0;
  TMOD =0x12;
  TH0 =0x216;
  TL0 =0x216;
  TH1 =(65536 -4000)/256;
```

```
    TL1 = (65536 - 4000) % 256;
    TR1 = 1;
    TR0 = 1;
    ET0 = 1;
    ET1 = 1;
    EA = 1;
    ST = 1;
    ST = 0;
    getdata = 148;
    while(1)
      {
        ;
      }
}

void t0(void) interrupt 1 using 0
{
    CLK = ~CLK;
}

void t1(void) interrupt 3 using 0
{

    TH1 = (65536 - 4000) / 256;
    TL1 = (65536 - 4000) % 256;

    if(EOC = = 1)
      {
        OE = 1;
        getdata = P0;
        OE = 0;
        temp = (getdata * 2350);
        temp = temp/128;
        if(temp < 2732)
          {
            temp = 2732 - temp;
            sflag = 1;
          }
          else
```

```
        {
          temp = temp - 2732;
          sflag = 0;
        }
    i = 3;
    dispbuf[0] = 10;
    dispbuf[1] = 10;
    dispbuf[2] = 10;
    if(sflag = = 1)
        {
          dispbuf[7] = 11;
        }
      else
        {
          dispbuf[7] = 10;
        }
    dispbuf[3] = 0;
    dispbuf[4] = 0;
    dispbuf[5] = 0;
    dispbuf[6] = 0;
    while(temp/10)
        {
          dispbuf[i] = temp%10;
          temp = temp/10;
          i + +;
        }
    dispbuf[i] = temp;
      ST = 1;
      ST = 0;
    }

    P1 = dispcode[dispbuf[dispcount]];
    P2 = dispbitcode[dispcount];
    dispcount + +;
    if(dispcount = = 8)
        {
          dispcount = 0;
        }
}
```

参考文献

[1] 宋贵林，姜有根. 电子线路 [M]. 北京：电子工业出版社，2011.
[2] 宋贵林. 组合音响原理与维修 [M]. 北京：电子工业出版社，2005.
[3] 舒伟红. 电子技术基础与实训 [M]. 北京：科学出版社，2007.
[4] 孟贵华. 电子技术工艺基础 [M]. 北京：电子工业出版社，2012.
[5] 杨宗强. 电子元器件的识别及安装调试 [M]. 北京：化学工业出版社，2010.
[6] 门宏. 快速学会认电子元器件 [M]. 北京：人民邮电出版社，2009.
[7] 陈有卿，叶桂娟. 555 时基电路原理、设计与应用 [M]. 北京：电子工业出版社，2007.